5-7, rue de l'École-Polytechnique, 75005 Paris

http://www.editions-harmattan.fr

ISBN : 978-2-343-21304-0
EAN : 9782343213040

AUTOUR DE PASTEUR

Acteurs de la Science

collection fondée par Richard Moreau,
professeur émérite à l'Université de Paris XII,
dirigée par Claude Brezinski et Roger Teyssou

La collection Acteurs de la Science comprend des études sur les acteurs de l'épopée scientifique humaine, des inédits et des réimpressions de textes écrits par les savants qui firent la Science, des débats et des évaluations sur les découvertes les plus marquantes et sur la pratique de la Science.

Derniers titres parus

Alain Marmonier, *Le Dr Melchior Marmonier (1813-1891), vie et œuvre du « promoteur de la transfusion sanguine » en Grésivaudan*, 2020.
Alain Buguet, *Le sommeil raconté par un médecin itinérant : des climats tempérés à la brousse africaine et aux pôles*. Préface de Raymond Cespuglio, 2020.
Claudio Grimaldi, *Les* Éloges *de Fontenelle : la création du discours sur la science*, 2020.
Roger Teyssou, *L'affaire Semmelweis : un scandale sanitaire sans équivalent*, 2020.
Benoît Linel, *Le docteur Vitalien, médecin de Ménélik II*. Préface du Pr Jacques Gonzales, 2020.
Joël Marcovitch, *L'embryon, mémoire de l'humanité*, 2020.
Vincent Laforge, *La chair et le plomb*, 2019.
Christiane Vilain, *Où va la physique ? De la physique mécaniste à quelques élaborations contemporaines*, 2019.
Roger Teyssou, *Variole : Théodore Tronchin et la grande aventure de l'inoculation*, 2019.
Jean-Yves de la Caffinière, *Robert Merle d'Aubigné, chirurgien bâtisseur (1900-1989)*, 2019.
Sofiane Bouhdiba, *Le côté obscur de la médecine : mauvais médecins et médecins mauvais, de l'Antiquité à nos jours*, 2019.
Kamel Bouraoui, *Maux et remèdes : épistémologie du traitement médical*, 2019.
Daniel Bois, *L'information aux sources de la science*, 2019.
Alexandru Marinescu, *Le voyage de la « Belgica » : premier hivernage dans les glaces antarctiques*. Traduction de Matei Marinescu, préface de Claude de Broyer, 2019.
Jean-Pierre Dadoune, *Jean Pecquet, médecin et anatomiste du Grand Siècle : un homme de son temps*, 2018.
Franck Canorel, *Contribution à une histoire sociale des poisons : le Ginger Jake*, 2018.
Tithnara Sun, *Les mots de la pharmacie : une histoire linguistique de la pharmacie*, 2018.

Richard Moreau

Autour de Pasteur

L'Harmattan

Du même auteur, dans la même collection :
Naturalistes oubliés, savants méconnus (avec Yves Delange et Paul Ozenda, 2013).
Eléments d'histoire agricole et forestière (avec Jean Boulaine et Pierre Zert, 2010).
Pasteur et Besançon : naissance d'un génie (2010).
Louis Pasteur : de Besançon à Paris, l'envol (2003).
Les deux Pasteur : le père et le fils (2003).
Jules Marcou (1824-1898) précurseur français de la géologie nord-américaine (avec Michel Durand-Delga, 2003).
Olivier de Serres et l'évolution de l'agriculture (avec Jean Boulaine, 2002).
Préhistoire de Pasteur (2000).

Dans la collection *Religions et spiritualité* :
D'Einsiedeln à la Salette au fil des siècles : avec les pèlerins comtois sur les pas de la Vierge Marie (2012), avec Odile Moreau.

Hors collection :
Les racontottes des marmottes bleues (2020, à paraître), avec Odile Moreau.

Chez d'autres éditeurs :
La forêt comtoise, Société forestière de Franche-Comté et des provinces de l'Est, Besançon, 1990 (avec René-André Schaeffer).
Sol, microflore et végétation, Masson, Paris, 1962 (avec Bernard Boullard).

Toutes les vérités seraient bonnes à dire
si on les disait ensemble.
Joubert

Les hommes, en général, n'aiment pas la vérité, et les littérateurs moins que les autres. En revanche, ils aiment fort la satire, ce qui est bien différent : mais la vérité, c'est-à-dire cet ensemble non arrangé de qualités et de défauts, de vertus et de vices, qui constituent une personne humaine, ils ont toute la peine du monde à s'en accommoder. Ils veulent leur homme, leur héros tout d'une pièce, tout un : ange ou démon ! C'est leur gâter leur idée que de venir leur montrer dans un miroir fidèle le visage d'un mort avec son front, son teint et ses verrues.
Charles-Augustin Sainte-Beuve /
Mes Poisons / Collection Romantique /
José Corti 1988, p. 257.

A la mémoire d'Henri Guillemin
qui encouragea mes études pasteuriennes.

Introduction

Des hommes admirables !...
Ils ne sont pas admirables partout et toujours.
Ils sont admirables quand les circonstances les portent
et que l'inspiration les visite.
Georges Duhamel[1]

Ecrire sur Pasteur est pour moi une vieille histoire qui commença à la fin de 1945. Les élèves des lycées (j'étais en cinquième) eurent à faire un devoir dans le cadre d'un concours national, à l'occasion de la commémoration du cinquantième anniversaire de la mort du savant comtois. La guerre passée, la République réactivait ses gloires. Je fis ce travail après avoir lu le petit livre d'un médecin bisontin, le docteur Eugène Ledoux[2], qui fut longtemps directeur de l'Ecole préparatoire de Médecine et Pharmacie de la ville. Je le fis avec ardeur car Pasteur était pour moi un bon docteur qui, au prix de désagréables piqûres, m'avait guéri de la diphtérie à l'âge de cinq ans, même si celui qui avait créé le sérum antitoxique contre la maladie avait été Emile Roux[3]. Mais c'était le portrait du

---

[1] G. Duhamel, *Chronique des Pasquier, Les Maîtres.*

[2] E. Ledoux (1941) *Pasteur et la Franche-Comté. Dole-Arbois-Besançon.* Chaffanjon, Besançon.

[3] E. Roux (1853-1933) participa aux travaux de Pasteur sur le charbon et la rage, sur laquelle il fit sa thèse de Médecine. Il acheva la mise au point du vaccin antirabique. En 1890, avec Alexandre Yersin (1863-1943), il trouva la toxine diphtérique, entrevue en 1884 par Friedrich Loeffler (1852-1915), et créa en 1894 la vaccination anti-diphtérique par application à l'homme de la découverte (1890), par Emil von Behring (1854-1917) et Shibasaburo Kitasato (1852-1931), des

maître qui figurait sur les boîtes de sérum. A mes yeux, Pasteur était un petit Franc-comtois comme moi, dont, à une centaine d'années de distance, je rencontrais l'ombre sur les bancs de mon lycée. Cela rapproche. Puis on n'entendit plus parler de palmarès, ni de récompenses ; ainsi décourage-t-on les vocations.

Le temps passant, je n'aimai plus guère cet homme que je trouvais trop sûr de lui, désagréable et violent, mais aussi exagérément encensé, toutes impressions retenues du film de Sacha Guitry et des chromos habituels. Plus tard, à la Faculté de Pharmacie de Nancy, j'appréciais peu la *bactériologie de cuisine* en usage, même si l'inconnu merveilleux du monde des microbes m'attirait. L'avènement des techniques modernes fit ensuite que je m'y trouvai à l'aise. A l'automne 1956, ayant lu le livre de René Dubos[4] et alors que je suivais un stage à l'Institut Pasteur de Paris, j'assistai à la célébration annuelle de l'anniversaire de la mort du grand homme dans la crypte où il repose. Je revois encore un vieux monsieur, barbichu, en blouse et calotte blanches, le pasteurien historique-type peut-être si l'on en croit l'iconographie, prendre la parole : *Il y a soixante et un ans, le maître nous a quittés…* L'émotion de celui qui me paraissait être un vieillard (peut-être le docteur Edouard Pozerski de Pomiane, mais je n'en ai pas l'exact souvenir), qui avait dû approcher le maître des lieux ou qui, au moins, avait été élève d'un de

---

propriétés antitoxiques du sérum de cobaye vacciné avec une culture chauffée de bacille diphtérique. Chef du service de Microbie technique à l'Institut Pasteur, Roux fut à l'origine du cours de Microbiologie, l'une des célébrités de l'établissement, dont il devint le troisième directeur. Académie de Médecine : 1895 ; Académie des Sciences : 1899.

[4] R. Dubos (1955) *Louis Pasteur franc-tireur de la Science*. PUF, Paris.

ses collaborateurs, montrait l'intensité de la marque laissée par Pasteur[5].

Il ne se passa plus rien jusqu'aux grandes vacances 1979. Mon métier de microbiologiste me ramena à Pasteur au gré de vacances comtoises peu occupées. Que faire dans une province endormie dans la chaleur de l'été, sinon se promener quand le soleil ne s'y oppose pas trop, faire la sieste, travailler ? La troisième hypothèse a toujours eu ma préférence. Ce fut ainsi qu'ayant visité les maisons de Dole et d'Arbois, et le Musée Pasteur de Paris, je me décidai à écrire une « *vie* » de mon compatriote. Mais que retenir d'une existence si riche ? Comme microbiologiste, je fus tenté d'en rester à l'œuvre scientifique, le plus facile, mais le Comtois était intéressé par son homologue jurassien transplanté à Paris cent-trente ans plus tôt. D'été en été, car la recherche agissante était mon activité principale, mon projet se précisa sous l'influence d'Henri Guillemin qui me conseilla de publier vitement une sorte de prise de date, pour laquelle il écrirait une introduction brève et vive. C'était trop tôt et j'étais encore influencé par les tendances pro- ou anti-Pasteur, pour simplifier celle de René Vallery-Radot, base de la « *légende dorée pasteurienne* », et celle des historiens-sociologues modernes, intéressants parfois, mais au dogmatisme évident. Autrement dit, je n'avais pas trouvé ma ligne propre qui devait être celle de la stricte méthode expérimentale. Il fallait donc, selon l'expression de Buffon citée par Pasteur, rassembler des faits pour avoir des idées, d'où la lecture la plus détaillée possible des *Œuvres* du

---

[5] Cf. *Pasteur, l'homme, le savant, la mémoire, in La tradition, cent ans après*. Cassettes et compact-discs Radio-France, SCAM, Paris, 1995. - Edouard Pozerzki (1875-1964) était fils de réfugiés polonais. Il fit une carrière d'enzymologiste à l'Institut Pasteur à partir de 1901. Sous le nom de docteur Edouard de Pomiane, il fut également un fin gastronome et un hygiéniste alimentaire renommé. Enfin, pendant quarante ans, il fit visiter l'Institut Pasteur.

savant et de sa *Correspondance*, suivie rapidement par la recherche des sources originales. Tout compte fait, je compris que je serais contraint de traiter ensemble de l'homme et de l'œuvre. Dans cette optique, le plan de la biographie dont je rêvais s'imposa. Pour donner un portrait aussi exact que possible du savant franc-comtois, un des plus grands du monde moderne et peut-être aussi l'un des plus méconnus, je devrais me placer dans la perspective de ses deux familles, la naturelle, ce à quoi la richesse des archives comtoises me conduisit inéluctablement, et scientifique. De mes recherches sur les premières découlèrent d'assez nombreux articles et mes livres[6].

Jean-Baptiste Biot[7], homme des Lumières, mit l'enfant du tanneur d'Arbois sur le chemin du progrès et lança sa

---

[6] R. Moreau (2000) *Préhistoire de Pasteur*. - R. Moreau (2003) *Les deux Pasteur, le père et me fils. Jean-Joseph et Louis Pasteur. Dole, Marnoz, Arbois*. - R. Moreau (2003) *Louis Pasteur. Besançon et Paris. L'envol*. - R. Moreau (2010) *Pasteur et Besançon : naissance d'un génie*. L'Harmattan, Paris.

[7] J. B. Biot (1774-1862), engagé volontaire en 1792, fut de la première promotion de l'Ecole Polytechnique (1794). Professeur de Physique mathématique au Collège de France, d'Astronomie physique à la Faculté des Sciences de Paris, membre du Bureau des Longitudes, de l'Académie des Sciences (1800), de l'Académie des Inscriptions et Belles-Lettres pour ses livres sur l'astronomie égyptienne et chinoise (1841) et de l'Académie française (1856), Biot reconnut l'origine céleste des météorites (1803), termina la mesure du méridien terrestre commencée par Jean-Baptiste Delambre (1749-1822) et Pierre Méchain (1744-1804), fit les premières mesures précises de densité des gaz avec François Arago (1756-1853), détermina avec Félix Savart (1791-1841) la valeur du champ magnétique engendré par un courant rectiligne (loi de Biot et Savart) et définit les lois de la polarisation rotatoire, ce qui l'amena à diriger les premiers travaux de Pasteur dont il orienta le début de carrière. Cf. R. Moreau (1989) Jean-Baptiste Biot, volontaire de la République. *114e Congr. nat. Soc. sav., Paris, 1989, Scientifiques et Sociétés pendant la Révolution et l'Empire*, pp. 117-144.

carrière. Ainsi Pasteur put-il devenir l'une des figures les plus en vue du monde nouveau et réaliser une œuvre aux conséquences incalculables, en bien ou en mal d'ailleurs comme c'est le propre de toute œuvre humaine. En même temps, il quitta un monde pour l'autre, comme le montrent ses positions politiques qui, en réalité, n'en sont pas. Fier de sa réussite, il était animé d'un scientisme utopique et conservateur qui se fondait sur la bonté de l'homme. Selon lui, la Société devait être unie par le goût du travail, d'où sa défiance pour les changements sociologiques et politiques et son opposition à la Commune (appelée par lui *les saturnales de Paris*[8]), comme à la grande Révolution[9].

Son œuvre scientifique est devenue incontestablement l'un des socles des disciplines biologiques modernes. Néanmoins et en dehors de toute logique, certains n'ont pas cessé, depuis le dix-neuvième siècle, de traiter Pasteur selon les cas, d'imposteur, de plagiaire, de franc-maçon, voire de juif[10], au mieux d'opportuniste ou de politique qui aurait adapté sa démarche scientifique à l'air du temps[11]. Cela vient de ce que l'on a mélangé contre toute logique la science, la politique et la religion, alors que Pasteur le premier distinguait deux domaines, la science et les

---

[8] LP à CB, 14.4.1871. *Corr.*, **II**, p. 530.

[9] Cf. E. Kahane (1970) *Pasteur. Pages choisies.* Editions sociales, Paris.

[10] Exemple : P. Boullier (1887) *La vérité sur M. Pasteur.* Librairie Universelle, Paris !

[11] Cf. la tendance sociologique représentée par J. Farley, G. L. Geison, Le débat entre Pasteur et Pouchet : Science, politique et génération spontanée, au 19e siècle en France. *In* : La science telle qu'elle se fait. Anthologie de la Sociologie des Sciences de langue anglaise. *Pandore*, n° sp. 1982, pp. 1-50. - G. L. Geison *in* : *The private science of Louis Pasteur*. Princeton University Press, USA, 1995, pp. 121-125). C'est ne rien connaître à la méthode expérimentale. Je reviendrai ailleurs sur ce sujet.

croyances, qui ne devaient pas s'interpénétrer[12]. Naguère, il était d'usage que les professeurs débutent leur cours par un historique où ils mettaient en balance les apports des savants qui avaient fait avancer la connaissance sur le sujet traité. Cela permettait de mettre chacun à sa vraie place de manière objective puisque seuls des critères scientifiques entraient en jeu. Récemment, des *guêpiers* ou des *jeanjeans*[13] de la Science ont trouvé là un moyen de disserter de ce qu'ils ne connaissaient pas à l'occasion d'anniversaires pasteuriens pour n'y plus penser ensuite, confondant science et entourage sociologique. Cependant, ils ont eu raison sur un point qui relève de leur spécialité : l'orchestration de la légende pasteurienne qui est à l'origine du mélange des genres dont j'ai parlé et qui, du vivant de Pasteur déjà, fut la base d'attaques qui sortaient du cadre de la discussion scientifique habituelle, même vive. Après 1885 en effet, on édifia une légende dans le plus pur style de Jules Michelet, montrant l'image mièvre du pauvre tanneur qui aurait essayé, en se saignant aux quatre veines, de subvenir à l'instruction du seul garçon de la famille, afin de permettre à ce jeune génie prédestiné d'arriver aux plus hautes destinées et de révolutionner la Science, la Médecine et, selon certains, la Société. C'est le

[12] *La science ne doit s'inquiéter en quoi que ce soit des conséquences philosophiques de ses travaux* (...) *Tant pis pour ceux dont les idées philosophiques ou politiques sont gênées par mes études* (L. Pasteur, Discussion sur la fermentation. *Bull. Acad. Méd.*, séance du 9 mars 1875, 2e sér., **IV**, 1875, pp. 265-290. *Œuvres*, **VI**, p. 57).

[13] On appelait les conscrits des *jeanjeans*, tandis que le mot *guêpier* désignait les profanes dans le langage des Bons Cousins Charbonniers. Ces appellations non péjoratives sont employées ici pour signifier simplement qu'avant de s'aventurer à faire des commentaires sur la valeur comparée de faits scientifiques, il vaut mieux *avoir l'esprit préparé par de patientes études et de persévérants efforts* (L. Pasteur, *in* Suppression du cumul dans l'enseignement des sciences physiques et naturelles, 1868. *Œuvres*, **VII**, p. 208), autrement dit avoir pratiqué avec persévérance la discipline dont on entend parler.

mythe médico-républicain, selon lequel ce fils du peuple, pauvre, se serait haussé au pinacle de la réussite à la force du poignet et aurait pu devenir ainsi le bienfaiteur de l'humanité. Conçu pour glorifier Pasteur et les valeurs de la République, ce mythe fut créé sous la Troisième République[14] *à partir de l'itinéraire simple, vertueux, comme la République les aime, du fils de tanneur, élève de l'Ecole Normale Supérieure, agrégé de l'Université, membre des Académies des Sciences, de Médecine, enfin de l'Académie française et placé au confluent du mérite et de la science.*

Toute position outrée en entraîne une autre qui l'est autant, mais la vérité est ailleurs. Les microbiologistes, les hygiénistes et les biologistes en général n'ont eu besoin de personne pour mettre Pasteur à sa place dans le panthéon de la Science, mais il n'y a pas de surhomme et les saints étaient comme nous. Comme à propos des origines dites *serviles* de Pasteur, les choses furent moins schématiques que ne le veut la légende[15].

Ce volume regroupe surtout des études rédigées au cours de mes recherches pasteuriennes. Certains textes ont été publiés sous forme d'articles, dont la naissance a coïncidé avec des célébrations pasteuriennes ; d'autres sont des développements de chapitres de mon premier volume ou sont nouveaux. Mon objectif a été de survoler des aspects parfois contestés, souvent essentiels de l'œuvre ou du caractère de Pasteur. Je ne suis pas un *chevalier blanc*. J'essaye de comprendre et de rapporter aussi objectivement que possible ce que je crois avoir compris d'un homme qui a marqué son époque et notre vie par les conséquences de ses travaux. J'écris en

---

[14] J. Chatelain (1995) Actualité du mythe pastorien. *Regards sur le Haut-Doubs*, 1er trimestre, p. 2.

[15] R. Moreau, *Préhistoire...*, cf. 4, Mainmorte et légende pasteurienne, pp. 101-126.

scientifique, en *savant*, comme on disait au siècle dernier, pour qui la méthode expérimentale s'applique ici comme au laboratoire. Je tente entre autres de comprendre pourquoi, au cours des années récentes, on a cherché avec une telle acrimonie à réduire l'importance des découvertes de Pasteur et à minimiser son influence sur la Science. Tout n'est pas admirable chez Pasteur, mais je demande seulement l'objectivité dans la louange et dans la critique : *Toutes les vérités seraient bonnes à dire si on les disait ensemble*. Le plus souvent, c'est par absence d'objectivité, dans un sens ou d'un autre, que l'historiographie de Pasteur a le plus péché. Mon objectif est donc de tout dire ensemble, à l'imitation d'Henri Guillemin qui fut mon maître en la matière et qui m'a constamment encouragé.

Je devais à la fidélité de faire figurer en tête de cet ouvrage parfois un peu critique, mais affectueux, un hommage à Henri Guillemin qui m'a apporté une méthode, un goût d'impertinence, si l'on appelle ainsi le devoir de vérité auquel Pasteur tenait tant lui-même du point de vue scientifique[16], face aux conformismes de tous

---

[16] Henri Guillemin fut l'ami depuis l'Ecole Normale Supérieure du professeur Jean Wyart, membre de l'Académie des Sciences. Je profite de l'occasion pour préciser un point d'histoire. Les cahiers d'expérience de Pasteur sur la cristallographie furent conservés durant des décennies au laboratoire de Cristallographie de la Sorbonne, dont le professeur Jean Wyart fut longtemps le titulaire. Profitant de ce que son condisciple de l'Ecole Normale Supérieure, M. Dennery, était administrateur général de la Bibliothèque nationale, M. Wyart, qui me donna des photocopies de son échange de correspondance, décida de les remettre à cet établissement. Auparavant, il les fit microfilmer en deux exemplaires. Vers la fin de sa vie, M. Wyart, c'est lui qui me l'a raconté, prêta un des deux microfilms à un collègue américain de passage. Celui-ci ne le rendit pas, mais il publia un article sur ces cahiers sans tenir M. Wyart au courant. Celui-ci, toujours très mécontent de l'aventure, me précisa peu avant sa mort la bibliothèque américaine (je n'en ai malheureusement pas noté le nom, ni celui de son collègue) où il pensait que le microfilm était déposé. Se souvenait-

bords. Son souvenir chaleureux plane sur cet ouvrage avec, je l'ai dit au début de *Préhistoire*..., celui d'Henri Pourrat qui, m'ayant fait aimer la vie des montagnards, m'a permis de comprendre celle des ancêtres de Pasteur.

---

il exactement des conditions de son prêt ? Je ne puis le dire, mais je rends ce témoignage comme je l'ai reçu. Je possède un tirage photographique du second microfilm que M. Wyart me prêta, exigeant que je le lui rende dans la semaine, ce qui fut fait.

Tombeau[1] de Pasteur

Les études doivent avoir pour but
de donner à l'esprit une direction qui lui permette
de porter des jugements solides et vrais
sur tout ce qui se présente à lui.
René Descartes

En pays inconnu, à l'heure du crépuscule…

Parti pour examiner toute la vie de Pasteur, j'avais commencé à rédiger ce qui n'aurait été qu'un remake, comme disent les cinéastes, une nouvelle version inspirée comme les autres des sources imprimées habituelles. S'y serait ajouté un zeste de condiment exporté par des historiens-sociologues anglo-saxons[2], qui convenait *a priori* à mon esprit toujours critique à l'égard des idées reçues. Je m'arrêtai vite quand, ayant progressé dans l'examen des sources manuscrites, je compris qu'il serait vain d'écrire (c'est facile) un énième survol de la vie et de l'œuvre du savant si je n'apportais pas beaucoup d'éléments nouveaux. J'aurais dû penser plus tôt que ce

---

[1] Un tombeau (sens XVIIème siècle) est un poème écrit en hommage à un poète mort ou en mémoire d'une personne chère. Stéphane Mallarmé en a écrit pour Charles Baudelaire et Edgar Poe.

[2] J. Farley et G. L. Geison (1982) Le débat entre Pasteur et Pouchet : Science, politique et génération spontanée, au 19e siècle en France. *In :* La science telle qu'elle se fait. Anthologie de la Sociologie des Sciences de langue anglaise. *Pandore*, n° sp. pp. 1-50. - Repris *in* G. L. Geison (1995) *The private science of Louis Pasteur.* Princeton Univ. Press, USA, pp. 121-125.

qui valait au laboratoire valait aussi pour une biographie, sauf à chausser des binocles déformants. *Mea culpa*. Faute avouée est à demi pardonnée.

Mon étude, qui aurait pu paraître bien avant 1995, année de la commémoration du centenaire de la mort de Pasteur, se basait donc, comme pas mal d'autres, pour l'essentiel, sur les sources imprimées. J'y recherchais une voie moyenne entre les excès de louange, entre l'image du *Pasteur en gloire*, propagée pour des motifs divers depuis le vivant du savant par sa famille et ses proches, et par la République, pour qui *le culte des grands hommes est un principe d'Education nationale*, selon la formule du président de la République Alexandre Millerand rappelée en 1995 par Jacques Chatelain[3], et la critique parfois polémique, courante dans la littérature sur Pasteur, risible quand elle s'exerce à un siècle de distance sur des faits scientifiques admis et dont les conséquences ont prouvé la pertinence mille fois. Hagiographie ou non, la recette est la même : des textes ou des faits sont présentés hors de leur contexte ou de leur importance réelle avec, le plus souvent, une *fausse logique, une fausse précision, une fausse rigueur*, comme disait Jean Rostand[4] des spontanistes (adeptes de la doctrine de la génération spontanée), les auteurs cherchant à donner de Pasteur une image plus conforme à leurs convictions qu'à la réalité. Or, on ne peut juger qu'en se plaçant dans l'optique des connaissances et des techniques du moment pour arriver à

---

[3] J. Chatelain (1995) A propos du centenaire de la mort de Pasteur. L'âge d'or de l'élitisme républicain. *Regards sur le Haut-Doubs*, 3ème trim., pp. 20-21, et R. Moreau, Vous avez dit élitiste ? *Id.*, pp. 22-27.- Cf. R. Moreau (1995) L'année mondiale Pasteur. Les enseignements d'un centenaire. *Mém. Soc. Emul. Doubs*, NS, **37**, pp. 97-118.

[4] Jean Rostand à propos des tenants du spontanisme (doctrine des générations dites spontanées) au dix-neuvième siècle, *in* J. Rostand (1970) *Le courrier d'un biologiste*. Gallimard, Paris, « Histoire des idées sur l'origine de la vie », p. 184.

comprendre l'enchaînement des faits qui permirent d'arriver aux certitudes scientifiques, toujours relatives, d'aujourd'hui.

Littré définit les générations spontanées comme la croyance *à la production d'un être organisé nouveau, sans le concours de parents, c'est-à-dire par la seule force de la matière s'organisant toute seule dans des circonstances favorables*, définition bien meilleure que celle (*production d'un être organisé nouveau, dénué de parents, et dont les éléments étaient tirés de la nature ambiante*) de Félix-Archimède Pouchet[5], principal contradicteur de Pasteur, puisqu'elle fait intervenir les conditions ambiantes, c'est-à-dire l'écologie, qui peuvent ne pas être toujours favorables. Ce fut là-dessus que se basèrent toutes les incompréhensions jusqu'à nous, puisque l'on confond l'origine de la vie et l'éventualité de générations spontanées dans la nature actuelle. Il faut avoir à l'esprit que les recherches qui eurent lieu aux dix-huitième et dix-neuvième siècles pour aboutir à Pasteur concernaient uniquement la démonstration de l'absence de générations

---

[5] F-A. Pouchet (1800-1872), fut l'élève du père de Gustave Flaubert. Directeur du Muséum d'histoire naturelle et du Jardin des Plantes de Rouen, ce fut un bon naturaliste et micrographe, vulgarisateur consciencieux, professeur brillant et chaleureux d'après ses élèves, mais expérimentateur médiocre et esprit faux quand il s'aventurait hors des sentiers balisés. Qu'il ait été correspondant de l'Académie des Sciences (1849) en Anatomie et de Zoologie, n'est pas une référence à son époque. Il fut un des modèles du *Bouvard et Pécuchet* de Flaubert.- Le meilleur livre paru sur les générations spontanées, malheureusement épuisé depuis longtemps, a été publié par Jean Rostand (1943) *La genèse de la vie. Histoire des idées sur la génération spontanée.* Hachette, Paris. La mise au point la plus récente est sans doute : R. Moreau (1992) Les expériences de Pasteur sur les générations spontanées. Le point de vue d'un microbiologiste. 1ère partie : la fin d'un mythe. *C. R. Acad. Sci. Paris, Série générale. La Vie des Sciences*, **9**, n°3, pp. 231-260.- 2ème partie : Les conséquences. *Id.* , **9**, n° 4, pp. 287-321.

spontanées de microorganismes procaryotes et eucaryotes dans la nature actuelle, c'est-à-dire, pour l'essentiel, de microorganismes décomposeurs (hétérotrophes), représentés surtout par des formes de résistance (endospores de bactéries et conidies de Champignons inférieurs) en attente de conditions favorables pour germer. Mais des esprits hasardeux firent l'amalgame tant parmi les catholiques et les cléricaux que chez leurs contraires.

L'apparition de la vie fut et reste le vrai problème, que l'on ne peut guère mieux résoudre aujourd'hui qu'il y a un siècle, même si de grands progrès ont été faits. Darwin[6] a bien dit les choses en 1863 : *Il est oiseux pour le moment d'évoquer l'origine de la vie ; autant évoquer l'origine de la matière*[7], puis en 1871, lorsqu'il fit remarquer avec bon sens que les conditions de l'époque du Monde où la génération primordiale put se produire étaient totalement différentes de celles d'aujourd'hui (*id.*) : *On dit souvent que les conditions ayant présidé à la production des premiers êtres vivants sont présentes encore actuellement, et ont toujours dû être présentes. Mais si (et quel grand si !) on pouvait imaginer que dans telle petite mare d'eau tiède contenant toutes sortes de sels d'ammonium et de phosphates, soumises à certaines conditions de lumière, d'électricité, etc., une substance protéique allait se former, prête à subir encore d'autres changements plus complexes, de nos jours, cette substance serait immédiatement dévorée ou absorbée, ce qui n'aurait pas*

---

[6] Charles Darwin (1809-1882) Auteur de la théorie de la sélection naturelle, explication partielle du renouvellement des espèces et du caractère adaptatif de l'évolution. Académie des Sciences (Paris) : 1878. Clémence Royer, sa traductrice française au dix-neuvième siècle, se prévalut de ses idées à des fins politiques et antireligieuses.

[7] Cité par E. Mayr (1989 : édition française) *Histoire de la Biologie. Diversité, évolution, hérédité.* **II-** *De Darwin à nos jours.* Fayard, Paris, « L'origine de la vie », p. 769.

été le cas à une époque où aucune créature vivante n'avait encore été formée. On souhaiterait que les commentateurs actuels aient la même sagesse et la même science.

Récemment enfin, Pasteur a été choisi par des écrivains *postmodernes*, un peu comme *animal d'expérience* (l'image est de Pierre Thuillier[8]) pour éprouver leurs vues *radicales et meurtrières* à la manière dont les physiologistes utilisent au laboratoire des chiens ou des rats pour étudier l'action de poisons. Tout compte fait, je me suis trouvé finalement dans la position du micrographe du botaniste allemand Ferdinand Cohn (1828-1898), réduit aux optiques insuffisantes du dix-neuvième siècle face à ceux que l'on nommait *infiniment petits*[9] : *Tant que les constructeurs de microscopes n'auront pas mis à notre service des grossissements beaucoup plus puissants, nous nous trouverons dans la situation d'un voyageur qui erre en pays inconnu à l'heure du crépuscule, à ce moment où la lumière du jour ne suffit plus pour distinguer les objets d'une façon nette et où ce voyageur a conscience que, malgré ses précautions, il ne pourra manquer de s'égarer en chemin.* Il valait donc mieux s'arrêter et tout reprendre à zéro.

L'absence de repères et l'effet de saturation dû à l'exaltation exagérée du mythe pasteurien, m'ont fait d'abord accueillir les articles des auteurs américains cités plus haut avec sympathie, malgré des défauts assez évidents de traduction. Mais j'ai fait la faute de ne pas montrer immédiatement assez d'esprit critique et de les lire sans avoir étudié à fond toute l'œuvre de Pasteur. Or, à tout seigneur tout honneur (d'autant plus que pour des raisons surtout philosophiques et religieuses, les

---

[8] P. Thuillier (1988) *D'Archimède à Einstein. Les faces cachées de l'invention scientifique.* Cf. chapitre XI : « La science existe-t-elle ? Le cas Pasteur », p. 281-300.

[9] Cité par A. Magnin (1878) *Les bactéries*. F. Savy, Paris, pp. 15-16.

générations spontanées sont en première ligne dans les publications en question), l'examen détaillé de cette doctrine me montra rapidement l'idéologie dépassée de ces analyses en face de la science positive, rationnelle. Je pense toutefois que ces ouvrages méritent considération, déjà à cause de la qualité de leur documentation, même si leur analyse est souvent fautive du point de vue scientifique. C'est pourquoi j'avais souhaité un moment que le livre de John Farley (*The spontaneous generation controversy from Descartes to Oparin.* The John Hopkins University Press, Baltimore and London, 1979) soit traduit en français, ce qui n'a pas pu se faire car l'éditeur n'y a pas consenti. J'ai tendance à penser la même chose pour celui du professeur Gerald Geison (*The private science...*). Certes, l'homme de laboratoire est rarement d'accord avec l'interprétation des faits de cet auteur, mais la discussion est un élément de progrès. De la même façon qu'au temps de Pasteur les spontanistes, *en contraignant par leur entêtement et leur obstination, les antispontanistes à mieux clarifier et définir les conditions de leurs expériences, en les poussant dans leurs derniers retranchements, en les forçant à resserrer toujours davantage les mailles du filet, [ils] ont concouru, pour leur part, au progrès du savoir*, de même en raison de leur orientation, les textes de Geison *obligent* à la réflexion et à une ferme discussion même si, comme l'a fait remarquer dans son langage particulier le sociologue français Bruno Latour[10], l'auteur américain a rapetissé le débat en le ramenant à la vaine traque *de quelque noir secret*. Latour, que l'on avait vu plus agressif à l'égard de Pasteur, a évoqué une sorte de comptabilité à laquelle s'est livré l'historien-sociologue américain sur les manquements

---

[10] B. Latour (1995) A propos de « La science privée de Louis Pasteur ». Les « révélations » du livre de Gerald Geison. *La Recherche*, **281**, novembre, pp. 35-36.

supposés de Pasteur à une éthique médicale qui est *théoriquement* celle de *notre fin de siècle « correct »* et qui n'a que peu de points communs avec celle d'il y a cent ans, y compris aux Etats-Unis.

Néanmoins, Gerald Geison a tenté de sortir des chemins battus, même s'il s'en tient *in fine* à des poncifs centenaires qu'il présente avec une sauce au goût du jour. On peut en dire autant de l'album d'art de M. Latour[11] que cet écrivain habille d'un langage vaguement contestataire, assorti d'un « *humour* » difficile à saisir, du moins par des scientifiques : *Ces choses-là sont rudes, il faut pour les comprendre, avoir fait des études*, disait Victor Hugo. Quoi qu'il en soit, tous ont apporté un élément perturbateur utile dans un océan séculaire de niaiseries et de paraphrases laudatives. Ce fut pourquoi Gerald Geison et, jusqu'à un certain point le Bruno Latour d'un ouvrage antérieur[12] eurent sur moi un effet inducteur qui m'a poussé à sortir des chemins battus pour étudier la vie de Pasteur. Cela suffit pour que je leur en sois reconnaissant, mais ma reconnaissance ne m'enlève pas le droit à la critique. Le résultat auquel ont abouti ces historiens-sociologues aurait-il été différent si, au lieu de s'estimer seuls compétents, ils s'étaient associés à des biologistes reconnus ? C'est vraisemblable et je regrette qu'à notre époque où la multidisciplinarité fut à un certain moment l'objet d'incantations officielles, il n'en ait pas été ainsi. Il est vrai qu'elle n'a été appliquée nulle part, après quelques essais peu ou pas soutenus par ceux mêmes qui la prônaient pour des raisons d'opportunisme politique et par là-même voués à l'échec. Dans trois universités successives, j'ai fait partie de ces volontaires pleins

---

[11] B. Latour (1995) *Pasteur. Une science, un style, un siècle*. Perrin, Institut Pasteur, Paris.

[12] B. Latour (1984) *Les microbes. Guerre et paix*, suivi de *Irréductions*. A.M. Métailié, Paris.

d'illusions mais sans avenir de ce point de vue. Dans tous les cas, les structures dites multidisciplinaires ont été des pompes à *phynance*, comme disait le Père Ubu, annexées par les plus malins des participants, c'est-à-dire pas par moi. Puis chaque spécialité se referma comme les huîtres ferment leurs coquilles. Quel dommage et le plus souvent quel gâchis, alors que, dans de nombreux domaines, l'histoire pasteurienne en est un, la synthèse des idées aurait été la bienvenue.

Encore faut-il que les thèmes soient objectivement choisis et traités, et les rôles bien distribués. La place des uns et des autres est pourtant facile à définir. Tant que les conceptions scientifiques restèrent à un bas niveau et hors d'une méthode expérimentale rigoureuse, elles ont été influencées par la religion et la philosophie : *Selon qu'on était cartésien* (sic), *chrétien de stricte obédience ou déiste, on avait forcément des idées très différentes en matière de cosmologie ou de reproduction, pour ce qui touche à l'interprétation de la vie et de la matière, ou à la question des origines*, note Ernst Mayr[13]. Les choses changèrent au dix-huitième siècle. Les acquits scientifiques commençant à s'accroître en nombre et en complexité, il fallut, pour les peser, posséder des compétences de plus en plus affirmées. En s'approfondissant, la Science s'affranchit de la philosophie et des religions au point qu'au dix-neuvième siècle et plus certainement à partir de la période darwinienne, qui fut aussi celle de Pasteur, la coupure fut définitive : *Il devint impossible*, écrit Ernst Mayr, *de dire, au vu des publications d'un scientifique, s'il était un chrétien avoué ou un athée. Et, hormis quelques fondamentalistes, cela reste vrai, même lorsqu'un*

[13] Cf. E. Mayr (1982, éd. française 1989) *Histoire de la Biologie. Diversité, évolution et hérédité.* **I** - *Des origines à Darwin.* Fayard, Paris, pp. 31-33 notamment.

biologiste écrit sur l'évolution des espèces. Tant mieux, en espérant que l'exemple qu'aurait donné l'Etat américain du Kansas il y a quelques années d'en rester pour l'enseignement des sciences à l'étagement des âges de la Bible, ne sera pas suivi, sinon il s'ensuivrait un énorme recul de la pensée.

Cela ne se passa pas toujours sans des entorses à une règle qui mit du temps à s'imposer chez les savants, quand elle ne fut pas battue en brèche au vingtième siècle sous les régimes marxistes notamment : en URSS, l'exemple de Lyssenko, sur lequel je reviendrai, est l'exemple contemporain le plus caractéristique de cette tendance rétrograde. Toutes choses égales, le cas Galilée, dont Claude Allègre[14] a donné une image assez objective en la replaçant dans son contexte et dans son temps, ne lui arrivait certainement pas à la cheville. La nécessité de l'évolution des esprits face à la Science, apparue au siècle des Lumières, ne paraît d'ailleurs pas avoir convaincu certains représentants actuels des disciplines dites humaines. Il était naturel en tout cas que la partie, oserai-je dire « préhistorique » de la Science, c'est-à-dire antérieure aux Lumières, se partage entre historiens, philosophes et savants, mais des savants *confirmés* par une longue pratique de la science agissante et *reconnus* comme tels par leurs pairs, comme un Jean Rostand par exemple. Au-delà, c'est aux savants *agissants* qu'il revient de faire l'historique de leur discipline (c'est même pour eux un devoir permanent), car ils sont seuls capables d'estimer la valeur des arguments expérimentaux d'hier comme d'aujourd'hui. Ce n'est pas du corporatisme, c'est une évidence. Cependant, des spécialités littéraires ont leur place dans le débat pour des aspects périphériques, comme le montrent les exemples suivants. Le philosophe et

[14] Cl. Allègre (1997) *Dieu face à la science.* Fayard, Paris, I, « Eppur si muov ! », pp. 11-50.

sociologue anglais Herbert Spencer (1820-1903), dont l'importance scientifique fut inexistante à cause de ses idées confuses et empruntées à d'autres, exerça néanmoins une influence certaine sur le public et même sur des savants comme le botaniste Gaston Bonnier (1853-1922 - Académie des Sciences : 1897) ou encore le zoologiste Edmond Perrier (1844-1921 – Académie des Sciences : 1892). Spencer avait imaginé de manière très lamarckienne que tout dans l'Univers passait graduellement d'un état de confuse homogénéité à un état hétérogène différencié, les êtres vivants primitifs s'étant perfectionné progressivement pour donner les espèces actuelles, idée de progrès d'ailleurs conforme à celles des Lumières ou à celles d'Auguste Comte[15]. Avec la doctrine des générations spontanée, ce système éliminait l'hypothèse d'un éventuel Créateur et ses « séquelles » religieuses, ce qui séduisit sans doute les savants cités qui, comme beaucoup de gens, en étaient restés aux images symboliques de la Genèse. Mais, et là, le bât blesse, il est probable qu'ils acceptèrent les idées de Spencer pour des motifs philosophiques et non pas scientifiques. En tout cas, même si la thèse du philosophe britannique ne reposait sur rien, sa démarche est intéressante pour le

---

[15] A. Comte (1798-1857) Philosophe français, auteur du *Cours de Philosophie positive*, où il exposa sa loi des trois états, théologique, métaphysique et positif. Le positivisme cherche des lois et non plus des causes, le comment était l'aboutissement du progrès et non plus le pourquoi. A. Comte donna une classification des sciences, divisées en sciences abstraites et en sciences concrètes, dont, d'après lui, la généralité et la complexité augmentent en sens inverse les unes des autres, la dernière ou la plus élevée étant la sociologie, couronnement du tout. Après avoir rencontré en 1844 un nouvel amour, grand et éphémère, avec Clotilde de Vaux, Auguste Comte développa une religion de l'humanité, dont il s'intitula le grand prêtre, organisa le positivisme en secte et publia un *Catéchisme positiviste*, où il réduisit la morale à l'altruisme.

sociologue. Ainsi, la part de chacun est-elle clairement définie.

On peut tenir un raisonnement similaire sur la doctrine des générations spontanées ou *spontanisme*. Comme la théorie de l'Evolution[16], la *generatio equivoqua* ou irrégulière, ainsi dénommée par Aristote parce qu'il la considérait comme la défaite d'une loi essentielle de la nature et par conséquent comme une « irrégularité » de la nature ou une « équivoque » de celle-ci face à la génération « régulière » sexuée, la doctrine spontaniste plonge ses racines dans l'Antiquité (Anaximandre de Milet pour l'évolution et probablement Démocrite pour le spontanisme). Il était impossible de penser autrement car, a noté Jean Rostand[17], *l'observation brute de la nature nous montre souvent l'apparition soudaine d'animaux ou de plantes qui ne se rattachent, semble-t-il, à aucun être prédécesseur ; et l'esprit humain n'avait, a priori, aucun sujet de suppléer aux données immédiates en supposant l'existence de germes inaperçus*. Il est donc compréhensible que les générations spontanées aient été des objets de débats philosophiques pendant très longtemps, avant de devenir un thème scientifique fondamental à l'orée du dix-neuvième siècle. En effet, de la résolution du problème, qui revenait à prouver la préexistence d'êtres microscopiques vivants dans l'atmosphère et dans les milieux naturels, mais qui n'avait rien à voir, sinon dans leur esprit, avec la question de l'origine de la vie, inaccessible dans les conditions de la nature actuelle, *a fortiori* avec les moyens expérimentaux

---

[16] Sur l'Evolution, cf. : J. Rostand (1932) *L'évolution des espèces. Histoire des idées transformistes*. Hachette, Paris, et Goulven Laurent (1987) *Paléontologie et évolution en France de 1800 à 1860. Une Histoire des Idées de Cuvier et Lamarck à Darwin*. Comité des Travaux Historiques et Scientifiques (C.T.H.S.), Paris, ouvrage auquel je ferai référence plus loin.

[17] J. Rostand, *La genèse de la vie…*, p. 9.

du moment, même si certains le croyaient, dépendait le développement d'une part entièrement nouvelle de la Biologie, porteuse d'enjeux considérables pour la vie de l'homme.

Dans la première moitié du dix-neuvième siècle, on était arrivé à l'extrême fin de l'Antiquité et du Moyen-Age et à l'aube d'une nouvelle ère, celle de la Science et de la Rationalité. L'ancienne ère était représentée par des naturalistes que nous dirons *« d'ancienne manière »*, comme Félix-Archimède Pouchet, sensibles aux présupposés philosophiques ou religieux dont la Science venait pourtant de s'affranchir, parce qu'ils n'avaient pas une connaissance suffisante de la méthode expérimentale et qu'ils n'étaient pas animés d'un esprit scientifique suffisant (ce qui revient à peu près au même), mais simplement d'une curiosité non maîtrisée par la raison. C'est ce dont Pasteur se plaignait à son père, de manière assez naïve en 1860, au début de sa discussion avec Pouchet sur les générations dites spontanées[18] : J*e suis toujours contredit par deux naturalistes, l'un de Rouen, M. Pouchet, l'autre de Toulouse, M. Joly (professeur à l'Université de cette ville). Mais je ne perds pas de temps à leur répondre. Qu'ils disent ce qu'ils voudront. J'ai la vérité pour moi. Ils ne savent pas expérimenter. Ce n'est pas un art très facile. Il faut apporter, outre certaines qualités naturelles, une longue habitude que les naturalistes n'ont généralement pas de nos jours.* Jusque-là en effet et même longtemps après encore, l'art du naturaliste était essentiellement d'observation, mais pas d'expérimentation.

L'esprit humain, aux diverses périodes de son évolution a passé successivement par le sentiment, la raison et

---

[18] Lettre de LP à JJP (6.6.1860) BNF NaF 18096 366-367. *Corr.*, **II**, p. 72.

l'expérience, écrit Claude Bernard[19]. *D'abord le sentiment, seul s'imposant à la raison, créa les vérités de la foi, c'est-à-dire la théologie. La raison ou la philosophie, devenant ensuite la maîtresse, enfanta la scolastique. Enfin, l'expérience, c'est-à-dire l'étude des phénomènes naturels, apprit à l'homme que les vérités du monde extérieur ne se trouvent formulées de prime abord ni dans le sentiment ni dans la raison. Ce sont seulement nos guides indispensables ; mais, pour obtenir ces vérités, il faut nécessairement descendre dans la vérité objective des choses où elles se trouvent cachées avec leur forme phénoménale. C'est ainsi qu'apparut par le progrès naturel des choses la méthode expérimentale qui résume tout et qui (...) s'appuie successivement sur les trois branches de ce trépied immuable : le sentiment, la raison et l'expérience. Dans la recherche de la vérité, au moyen de cette méthode, le sentiment a toujours l'initiative, il engendre l'idée a priori ou l'intuition ; la raison ou le raisonnement développe ensuite l'idée et déduit ses conséquences logiques. Mais si le sentiment doit être éclairé par les lumières de la raison, la raison à son tour doit être guidée par l'expérience, qui est elle-même une observation provoquée dans le but de faire naître l'idée.* Lorsqu'on lit Pouchet, on comprend à toutes les lignes combien le naturaliste rouennais en était resté au *sentiment* : *La philosophie l'indique, l'observation le*

---

[19] Cl. Bernard (1865, éd. 1984) *Introduction à l'Etude de la Médecine expérimentale.* Champs-Flammarion, pp. 60-61 et p. 51 pour la dernière phrase. Les mots mis en italique l'ont été intentionnellement par l'auteur.- Claude Bernard (1813-1878) physiologiste français, fondateur de la Médecine expérimentale, découvrit notamment la fonction glycogénique du foie et les nerfs vaso-moteurs. Il fut professeur de Physiologie expérimentale à la Faculté des Sciences de Paris, de Médecine expérimentale au Collège de France et de Physiologie comparée au Muséum d'Histoire naturelle. Académie des Sciences : 1854 ; Académie française : 1868.

prouve et l'expérience le démontre, écrit-il à la fin d'un livre peu connu[20], paru en 1864, alors que l'expérience avait tranché. Cette phrase, qui achève la carrière expérimentale du Normand, répond à cette autre proposition par laquelle Pouchet avait commencé en 1859 son livre sur l'*Hétérogénie ou Traité de la Génération spontanée* (p. VI) : *Lorsque, par la méditation, il fut évident pour moi que la génération spontanée était encore l'un des moyens qu'emploie la nature pour la reproduction des êtres, je m'appliquai à découvrir par quels procédés on pouvait parvenir à en mettre les phénomènes en évidence*. C'était évidemment mettre la charrue avant les bœufs.

Dès lors, la discussion sur les générations spontanées se réduisit à un combat d'arrière-garde, dans lequel Pouchet représentait le passé, de Démocrite à Buffon[21] et même plus près, tandis que Pasteur ouvrait sur un monde nouveau. Néanmoins, comme presque toujours, il faut tempérer ce jugement sur le naturaliste rouennais, car ses vues sur le bacille-virgule[22] - le vibrion cholérique - étaient déjà du futur, de même que sa conception d'un « aéroscope », appareil destiné à recueillir les particules vivantes ou inertes en suspension dans l'air[23]. Il est même extraordinaire de penser qu'à propos du choléra et dès 1849, Pouchet toucha de près la vérité de la théorie

---

[20] F. A. Pouchet (1864) *Nouvelles expériences sur la génération spontanée et la résistance vitale*. Masson, Paris, p. 89, en note.

[21] Georges Louis Leclerc, comte de Buffon (1707-1788), naturaliste et écrivain français. Intendant du Jardin du Roi (futur Muséum d'Histoire Naturelle). Auteur de l'*Histoire naturelle* (36 vol.). Acad. des Sciences : 1733. Académie française : 1753.

[22] F. A. Pouchet (1849) Infusoires dans les déjections des cholériques. *C. R. Acad. Sci.*, séance du 23 avril 1849, pp. 555-556.

[23] Pierre Miquel (1883) Les organismes vivants de l'atmosphère. Gauthier-Villars, Paris, « Des procédés employés pour récolter les poussières de l'air » p. 35.

microbienne de la maladie, mais qu'il ne fut malheureusement pas capable de la formuler. Le microscopiste rouennais était parti avec *l'idée* ou *l'intuition* de vérifier une observation qui remontait à Antoni van Leeuwenhoek[24] (pour la dysenterie, à supposer que le fondateur de la Microbiologie ait fait la différence entre cette affection et le choléra), qui « avait reconnu qu'il existait des myriades d'animalcules dans les matières rendues pendant un flux dyssentérique (*sic*) », et, plus récemment, à un autre depuis pour le choléra. Or, l'expérience montra à Pouchet que Leeuwenhoek avait vu juste. Le naturaliste rouennais sentit même certainement l'importance de sa découverte puisqu'il précisa : *Si je reproduis cette observation, c'est tout simplement pour en constater l'exactitude ; car, comme je la crois difficile à vérifier* (c'était vrai à son époque : cf. ce qu'écrivait Ferdinand Cohn), *il est indubitable qu'elle sera contestée par quelques personnes*. Dans le cas présent, observer, c'était expérimenter.

Ce fut dans l'incapacité où se trouva Pouchet de déduire les conséquences logiques de son idée initiale par le raisonnement (même si c'était encore difficile en 1849) que réside la différence essentielle entre lui et Pasteur. Henle venait de formuler ses principes, repris ensuite par Robert Koch. Pouchet en avait-il connaissance ? Il est probable que non. Quel dommage cependant qu'il n'ait pas eu l'éclair de génie qu'il fallait pour faire le saut et lier les *« myriades d'animalcules »* aux manifestations du choléra. Plus que jamais, on doit dire que Pasteur avait

[24] Antoni Van Leeuwenhoek (1732-1723), drapier, puis huissier de la Chambre des Echevins de Delft (Hollande), construisit de fortes loupes (microscopes de l'époque) avec lesquelles il observa des milieux divers, dessinant tout ce qu'il voyait. Il décrivit pour la première fois des microbes en 1676. Correspondant de l'Académie des Sciences (Paris) : 1699.- Cf. le livre de Philippe Boutibonnes (1994) *Van Leeuwenhoek. L'exercice du regard.* Belin, Paris.

raison lorsqu'il soulignait la nécessité d'avoir « l'esprit préparé par de patientes études et de persévérants efforts ».

C'était que, face à Pouchet, Pasteur représentait une nouvelle ère aux côtés de Claude Bernard. Il était l'héritier direct d'hommes des Lumières qui avaient libéré les raisonnements scientifiques de leurs présupposés philosophico-religieux et d'incessantes controverses subséquentes, comme l'avaient été Lazzaro Spallanzani[25] et Charles Bonnet[26]. Savant déiste revendiqué, mais non chrétien, il était partisan résolu d'une méthode expérimentale rigoureuse, libre de tout préjugé[27] : *La science expérimentale est essentiellement positiviste, en ce sens que, dans ses conceptions, jamais elle ne fait intervenir la considération de l'essence des choses, de l'origine du monde et de ses destinées. Elle n'en a nul besoin. Elle sait qu'elle n'aurait rien à apprendre d'aucune spéculation métaphysique. Pourtant elle ne se prive pas de l'hypothèse. Nul, au contraire, plus que l'expérimentateur n'en fait usage ; mais c'est seulement à*

---

[25] L. Spallanzani (1729-1799) Ce savant italien réfuta les conclusions de l'anglais John Turberville Needham (1713-1781) en matière de générations spontanées. Démontrant les fautes expérimentales du précédent, qui avait le soutien de Buffon, il prouva au contraire l'inexistence de générations spontanées "d'animalcules" dans les liquides organiques stériles et créa le mot "germe" pour désigner les microbes qui s'y développaient. Académie des Sciences : 1796.

[26] Ch. Bonnet (1720-1793) Philosophe et naturaliste genevois. Scientifique rigoureux, il découvrit à vingt ans la parthénogénèse (reproduction asexuée) des pucerons. Auteur des *Considérations sur les corps organisés* et de la *Palingénésie philosophique*, ouvrage dans lequel il appliqua la loi de continuité, énoncée par Leibnitz. Lire aussi ses *Mémoires autobiographiques*, publiés par Raymond Savioz (Vrin, Paris, 1948). Académie des Sciences : 1740.

[27] L. Pasteur (1882) Discours de réception à l'Académie française, *in* : *Discours prononcés dans la séance publique tenue par l'Académie française pour la réception de M Pasteur, le 27 avril 1882*. Firmin-Didot, Paris, pp. 1-23. Cette citation : *Œuvres*, **VII**, p. 336.

titre de guide et d'aiguillon pour la recherche et sous la réserve d'un sévère contrôle. Il dédaigne et rejette ses idées préconçues, dès que l'expérimentation lui démontre qu'elles ne correspondent pas à des vérités objectives. Faute pour Pouchet de s'appuyer sur le trépied immuable de Claude Bernard, le débat se trouva réduit à *d'aigres criailleries entre libre-penseurs et piliers de confessionnal*, venant remplacer *la sereine controverse philosophique*, a noté Pierre Rousseau[28]. On le voit, comme avec Spencer, la part des uns et des autres est également bien délimitée.

Parlant d'Haeckel[29], qui avait cru nécessaire de créer lui-aussi une religion et une morale monistes, Rousseau écrivait : *Quand un savant se mêle de combattre une certaine doctrine philosophique, le péril est qu'il abandonne l'arme de l'expérimentation pour se servir de celle d'une autre doctrine. Auguste Comte avait déjà fourni le pitoyable exemple d'un homme de science qui, prônant le positivisme et le rationalisme, en était venu à fabriquer une religion de l'Humanité, à s'en proclamer le pape et à distribuer les sacrements au nom de sa bien-*

---

28 P. Rousseau (1945) *Histoire des Sciences*. Fayard, Paris, pp. 688-689.

29 Pour le naturaliste allemand Ernst Haeckel (1834-1919), "le monde corporel matériel et le monde spirituel immatériel formaient un Univers unique, inséparable". Sa doctrine, le "monisme", s'opposait au dualisme de l'âme et du corps, niait Dieu, l'âme et le libre-arbitre, et revenait à affirmer que l'homme n'était qu'un agglomérat de matière et d'énergie. Haeckel était persuadé que le protoplasme naissait au fond des mers à partir d'une gelée amorphe, dont le physiologiste britannique Thomas Huxley (1825-1895) lui avait rapporté des échantillons d'une campagne océanographique. Haeckel décrivit sous le nom de *Bathybius haecheli*, ce produit qui aurait été susceptible, d'après lui, de se différencier en sortes de cellules, les *monères*, qui, s'agglomérant ensemble, donneraient des êtres pluricellulaires. Il s'avéra que ces gelées étaient des précipités de sulfate de calcium, ce que Thomas Huxley reconnut publiquement.

aimée Clotilde de Vaux ; Haeckel, lui, adversaire de la religion catholique, dressa la religion moniste, avec le triple idéal de la Vérité, de la Vertu et de la Beauté, édicta une morale moniste, rédigea le code de l'art moniste et fonda en 1906 le Deutsche Monistenbund (...) *Aujourd'hui (c'était en 1945), nous avons le droit de sourire de ces naïves prétentions, mais sans nous étonner, car, au point de vue scientifique, il y a la même distance entre notre temps et 1899 qu'entre 1899 et l'époque d'Abélard et de Saint-Thomas. A la fin du siècle dernier, la science positiviste et mécaniste était, aux mains des savants, un jouet si nouveau et si attrayant qu'ils le faisaient fonctionner un peu à tort et à travers, et cédaient souvent à la manie de le faire servir à leurs préférences philosophiques - comme l'enfant ayant reçu, du père Noël, une carabine à air comprimé, s'empresse de fusiller le concierge dont il a à se plaindre*. Bien d'autres joujoux idéologiques ayant été à la mode depuis 1945, année où parut le livre de Rousseau, on est en droit de se demander si certains ne continuent pas encore à *« fusiller le concierge »*.

Ce fut précisément pour éviter un aussi mauvais sort à l'un de ces sympathiques préposés, plus sérieusement pour trouver le point d'équilibre entre les excès hagiographiques, les idées reçues, les clichés, les assimilations hâtives, les critiques plus ou moins fondées et les interprétations ésotériques, faire face aux tentatives réductrices et tenter, non de faire justice, mais de m'y retrouver, que j'ai survolé, dans les pages qui suivent, les principales tendances de l'historiographie pasteurienne, en m'arrêtant particulièrement aux plus récentes, celles qui se sont développées sous l'influence *des dernières folies de la culture parisienne*, pour parler comme Noam

Chomsky[30]. De mon analyse découlera l'exposé de ma méthode, qui vaut pour toutes mes études pasteuriennes et marculfiennes, si j'ose ce néologisme pour Jules Marcou[31], géologue *« flamboyant »*, qui resta un ami proche de Pasteur, depuis le collège royal de Besançon jusqu'à la mort du savant arboisien, en 1895. Né à Salins en 1824, Marcou fit une carrière atypique aux Etats-Unis. Il mourut à Boston en 1898.

Avant d'aller plus loin, je tiens à rendre un hommage amical au professeur Henri H. Mollaret[32], de la Faculté de Médecine de Paris, ancien Chef de service à l'Institut Pasteur, microbiologiste de haut-vol, grand connaisseur de l'histoire de notre Science, de la peste et du découvreur de l'agent de cette maladie, Alexandre Yersin. Le professeur Henri Mollaret, qui suit mes travaux depuis longtemps et avec quelle chaleur, m'a fait profiter de sa vaste culture, de son expérience scientifique et de la tradition pasteurienne qu'il représente[33].

---

[30] *In* A. Sokal et J. Bricmont (1997) *Impostures intellectuelles*. Odile Jacob, Paris, p. 201.

[31] Cf. R. Moreau (1994) Jules Marcou (1824-1898) ou le diable au corps. *Acad. des Sciences, Arts et Belles-Lettres de Besançon et de Franche-Comté, P.V. et Mémoires*, **190**, pp. 153-196.- M. Durand-Delga et R. Moreau (1995) Un savant dérangeant : Jules Marcou (1824-1898), géologue français d'Amérique. *Trav. Comité fr. Hist. Géologie*, 3e série, **VIII** (1994), pp. 55-82.- M. Durand-Delga et R. Moreau (1996) Jules Marcou (1824-1898), précurseur français de la Géologie Nord-Américaine. *La Vie des Sciences. C.R. de l'Académie des Sciences*, Série générale, **13**, 1, pp. 59-83.

[32] Cf. H.-H. Mollaret, J. Brossollet (1985) *Alexandre Yersin ou le vainqueur de la peste*. Fayard, Paris.- *Ibid.* (1993) *Yersin, un pasteurien en Indochine*. Belin, Paris.-J. Brossollet, H.-H. Mollaret (1994) *Pourquoi la peste ? Le rat, la puce et le bubon*. Découvertes Gallimard, Paris.

[33] Le professeur Mollaret, né en 1923, est mort en 2008. (NDE)

Pasteur en gloire

L'image de Pasteur la plus couramment diffusée depuis un siècle est celle de Pasteur en gloire. La République ayant besoin d'hommes du peuple qui se sont faits eux-mêmes, ce fils de soldat napoléonien, parti de rien, quel symbole, même s'il fut bonapartiste comme son père et s'il fit une partie significative de sa carrière sous le Second Empire ! Le chromo fut utilisé longtemps parce que, note Jacques Chatelain[34], Pasteur *donna à la République sa référence la plus flamboyante, le prototype de ces Grands Hommes dont, selon Alexandre Millerand, le culte est un principe d'Education nationale*. Au nom de ce principe, la République ne lui refusa rien. Parlant des deux millions d'étudiants actuels, dont six sur dix sont assurés de ne pas trouver d'emploi, Jacques Chatelain écrit[35] : *Le centenaire de la mort de Pasteur est d'abord celui du mythe pastorien, celui que la IIIème République fabriqua de toutes pièces, à partir d'un itinéraire simple*, vertueux (c'est moi qui souligne) *comme la République les aime, du fils de tanneur, élève de l'Ecole Normale Supérieure, agrégé de l'Université, membre des Académies des Sciences, de Médecine, enfin de l'Académie française. Ce mythe, au confluent du mérite et de la science, inspire celui de Sadi Carnot, félicitant Pasteur dans le grand amphithéâtre de la Sorbonne, à l'occasion de son jubilé. Tout est là : les découvertes du savant au service de l'humanité et un itinéraire forgé par l'effort, à l'exclusion*

---

[34] J. Chatelain (1995) A propos du centenaire de la mort de Pasteur. L'âge d'or de l'élitisme républicain. *Regards sur le Haut-Doubs*, 3ème trim., pp. 20-21. Suivi de : R. Moreau, Vous avez dit élitiste ? *Id.*, pp. 22-27.- Cf. également R. Moreau (1995) L'année mondiale Pasteur. Les enseignements d'un centenaire. *Mém. Soc. Emul. Doubs*, NS, **37**, pp. 97-118.

[35] J. Chatelain (1995) Actualité du mythe pastorien. *Regards sur le Haut-Doubs*, 1er trim.

du népotisme et du piston, contrairement à la thèse nauséabonde développée par les adversaires de Pasteur. De toute évidence, ce sont les valeurs républicaines - travail, effort, promotion personnelle à l'abri des intrigues, réussite aux concours républicains, foi dans le progrès, qui font la plénitude du mythe pastorien, même si Pasteur échappe à plus d'un titre à l'idéologie dominante, par ses relations avec la famille impériale, par son spiritualisme qui le met en contradiction avec Littré dont il fait l'éloge à l'Académie française, alors même que le positivisme et le progrès sont inséparables de son cursus. Faut-il conclure au requiem du mythe pastorien dans une France qui ne ferait plus progresser les siens et ne renouvellerait plus ses élites ? Si le centenaire de la mort de Pasteur peut provoquer un débat, c'est celui de l'actualité de ce mythe-moteur de la République et, dans ce cas, voilà un centenaire qui n'aura pas été inutile ! Ce souci d'exemplarité fit écrire à André Maurois : *L'imitation d'un grand homme est une forme d'éducation morale*. Et à Jean Rostand (*id.*) : *L'esprit s'allume à l'esprit*, autre manière de parler, comme Pasteur plus tôt, lorsqu'il évoquait ses maîtres, des *allumeurs d'âme* et *des éveilleurs d'idées qui suscitent les vocations scientifiques*[36]. Le fait que de grandes carrières furent induites par la lecture de la saga pasteurienne lui donna raison. Rostand précisa que, *plus qu'un grand savant*, (Pasteur) *fut l'un de ceux qui, avec Claude Bernard, ont contribué à créer notre conscience scientifique*[37]. Et pas seulement elle. Ce qui manque à la jeunesse actuelle, soumise au négationnisme d'élites autoproclamées et exploitée par un capitalisme éhonté avec la complicité

---

[36] *In* J. Rostand (1970) *Le courrier d'un biologiste*. Gallimard, Paris, « Sur l'histoire des sciences », pp. 222-223.
[37] J. Rostand (1966) *Hommes d'autrefois et d'aujourd'hui*. NRF, Paris. « A propos de la vie de Pasteur », pp. 99-100.

objective des premières, ce sont des *allumeurs d'âmes*, dont parlait Pasteur.

Dans les faits, Pasteur fut le symbole, *volens nolens*, d'un nouvel esprit de la Médecine dont, mérite suprême, il n'était pas le représentant patenté, pour une République qui avait besoin de héros après la défaite de 1870. C'est le mythe médico-républicain, dont Jacques Chatelain a bien cerné les contours. Tout bonapartiste qu'il était, le savant, à qui la légende inventa un père pauvre, issu de misérables serfs, synonymes d'esclaves soumis à l'arbitraire seigneurial dans l'imaginaire populaire, fut l'un de ces héros républicains. De la célébration des valeurs républicaines à travers sa personne, résulta la manière hagiographique, codifiée par ses proches, de raconter son histoire : *Rarement souvenir d'une vie aura été plus complètement fixé que dans le cas de Pasteur. L'image universellement connue* (du savant) ressort en effet d'un *petit nombre de sources « officielles », dont la* Vie de Pasteur *par René Vallery-Radot est la principale*, a écrit René Dubos[38]. *Le gendre de Pasteur a établi (…) une chronologie détaillée des origines du maître, de sa vie familiale, de ses travaux, ses luttes, ses épreuves et ses triomphes (…). Emile Duclaux[39], l'un des premiers disciples de Pasteur, a analysé le déroulement de sa pensée et de ses découvertes dans son livre Pasteur, Histoire d'un esprit.*

---

[38] R. Dubos (1955) *Louis Pasteur, franc-tireur de la science.* PUF, Paris, p. 21.

[39] E. Duclaux (1834-1904) Agrégé-préparateur de Pasteur à l'Ecole Normale Supérieure, professeur à la Faculté des Sciences de Clermont-Ferrand, puis professeur de Chimie Biologique à la Sorbonne et professeur à l'Institut national agronomique, titulaire du service de Microbie générale à l'Institut Pasteur (1888), dont il prit la direction à la mort de Pasteur. Académie des Sciences : 1888 ; Académie d'Agriculture : 1890 ; Académie de Médecine : 1890.

La *Vie de Pasteur*, par René Vallery-Radot (je possède la seizième édition, celle de 1915, chez Hachette, Paris), reste un fil directeur indispensable, puisque l'auteur l'écrivit au moins en partie sous le contrôle de Pasteur et certainement à partir de ses archives. C'est encore plus vraisemblable pour le livre, *M. Pasteur, histoire d'un savant par un ignorant*, que le gendre de Pasteur publia en 1888 (J. Hetzel, Paris). Seulement, le gendre ayant fait un peu son *fonds de commerce* de la mémoire de son beau-père, cela dit sans acception péjorative, acrimonie ou méchanceté, mais c'est une évidence, il pratiqua assez souvent avec maestria l'art de la litote et du non-dit afin de préserver une certaine image du savant, on ne peut lui accorder dans le détail qu'une confiance relative. Si, dans les grandes lignes, le livre de René Vallery-Radot est irremplaçable, pour certains détails par contre, le Pasteur dépeint par sa famille ne fut pas toujours, ni forcément, le vrai Pasteur. A côté de ces ouvrages, le livre de souvenirs d'Adrien Loir[40], neveu par alliance du savant, ouvrage tiré à un assez petit nombre d'exemplaires et que Pasteur-Vallery-Radot ne fit rien pour faire connaître (au contraire peut-être), apporta une fraîcheur bienvenue à une histoire compassée. L'ouvrage du neveu de Pasteur fut longtemps occulté parce que, de toute évidence, certains de ses récits contredisaient la légende. Pourtant, Adrien Loir fut un témoin oculaire, proche de ses camarades de laboratoire, ce qui fait l'intérêt de son témoignage, qui est irremplaçable à bien des égards. Le *Pasteur, histoire d'un esprit*, d'Emile Duclaux, publié en 1896, fut la synthèse des travaux d'une école et, de ce fait, rédigé objectivement, l'auteur étant contrôlé par ses pairs.

Succédant à ces fondateurs de l'histoire pasteurienne, les ouvrages sur le savant furent ensuite des variations sur

---

[40] A. Loir (1938) A l'ombre de Pasteur (Souvenirs personnels). Le Mouvement sanitaire, 52, rue Saint-Georges, Paris.

le thème du génie providentiel et infaillible, inspirés à peu près uniquement des ouvrages de René Vallery-Radot et d'Emile Duclaux. Lire la légende, c'est ce que le public attend. A défaut, les auteurs de biographies pasteuriennes sont iconoclastes tant les idées reçues sont tenaces. Il en résulta des ouvrages honnêtes, écrits souvent par des professionnels, dont celui du médecin-général L. Descours (*Pasteur et son œuvre*, Delagrave, Paris, 1921) est un des meilleurs. En 1955, fut publié en traduction française celui de René Dubos, qui apporta une réflexion scientifique nouvelle, mais avec un recours aux sources limité. Précisons néanmoins que, lorsque cet auteur écrivait, Pasteur Vallery-Radot achevait la publication des lettres de son grand-père. Dubos y eut donc peu recours et en resta pour l'essentiel aux sources imprimées classiques, ainsi qu'aux *Œuvres* de Pasteur, rééditées par son petit-fils. Il est vrai que, sauf à travailler sur archives comme Melle Denise Wrotnowska[41], on ne pouvait faire mieux, ni autrement à cette époque. La plupart des ouvrages parus sur Pasteur depuis un siècle étant des variations sur un thème connu, aucun ne supplante les premiers, ceux de Duclaux ou de Dubos, qui furent les sources d'inspiration de beaucoup.

L'ordonnancement du mythe se fit conformément aux directives du gendre de Pasteur, telles qu'il les donna un jour au professeur Grancher[42] : *Je répète la phrase parce*

---

[41] Il est dommage qu'à l'exception d'un ouvrage que fit paraître l'ancienne directrice du Musée Pasteur sur la période lilloise de Pasteur (*Louis Pasteur, professeur et doyen de la Faculté des Sciences de Lille (1854-1857)*. Comité des Travaux historiques et scientifiques, section des Sciences, Ministère de l'Education nationale, Bibliothèque nationale, Paris, 1975), celle-ci n'ait pas publié une synthèse de ses nombreux articles, tous issus de minutieuses recherches.

[42] Lettre de RVR au professeur Grancher (1887) BNF NaF 18110 116-117. J'ai souligné intentionnellement la dernière phrase.- Jacques-Joseph Grancher (1843-1907) Phtisiologue et pédiatre, professeur à la

qu'il faut, mon cher ami, que vous ne voyiez dans toutes ces questions que la gloire de la science française et (on sent le « surtout » entre les lignes) *le souci de l'œuvre de M. Pasteur que vous avez secondé avec un dévouement et un éclat qui l'ont faite ce qu'elle est.* La dernière phrase est limpide : *Toutes les autres considérations doivent être subordonnées à cela.* Entre deux coups d'encensoir, l'un pour la Science française, l'autre pour le destinataire de la lettre, courtoisie oblige, René Vallery-Radot ne pouvait pas dire mieux. Jouant de plus en plus le rôle d'interface exclusive avec son beau-père à mesure que l'état de santé de celui-ci s'aggravait, il fut peut-être l'organisateur véritable ou occulte de l'Institut Pasteur, comme semble le montrer cet autre extrait (qui précède immédiatement la citation précédente) de la même lettre à Grancher : *J'ai rapporté à M. Pasteur notre conversation sur l'intérêt supérieur de l'Institut. Il a parfaitement compris et approuvé les arguments que j'ai été obligé de vous arracher* (*sic*). *Son règlement* (de l'Institut Pasteur) *d'administration générale déterminera les rôles. Il faut que vous trouviez la formule adéquate à ce pouvoir scientifique et extra-scientifique qui sera le vôtre* (sic). *Partez de ce principe : tout ce que vous proposerez à M. Pasteur sera accepté. Vous représenterez l'intérêt supérieur de l'Institut.* Quoi qu'il en soit, René Vallery-Radot et son fils, puisque celui-ci conserva longtemps l'usage exclusif des archives personnelles du savant, comme cela peut se comprendre, mais sans en tirer grand-chose, sinon comme éditeur, furent le point géométrique du mythe pasteurien. Après la Grande-Guerre, le second publia les *Œuvres* complètes de son grand-père, puis sa

---

Faculté de Médecine de Paris et chef du service de pédiatrie à l'Hôpital des Enfants Malades. Il pratiqua les premières vaccinations contre la rage et fut le premier chef du service de la rage à l'Institut Pasteur, en 1888. Académie de Médecine : 1892.

Correspondance. Des premières, il y a peu à dire, sinon que l'édition aurait bénéficié de compléments tirés des cahiers de laboratoire de Pasteur. Leur publication intégrale (et non des extraits commentés, sans analyse critique suffisante, comme cela a été fait pour l'anniversaire de la mort du savant[43]) serait nécessaire et peu coûteuse. La réaliser pour le centième anniversaire de la mort du savant, sous le contrôle unique (et non partiel, comme ce fut le cas) de spécialistes reconnus[44], qui les aurait présentés dans leur contexte scientifique face à la Science agissante, eût rendu service non seulement à celle-ci, mais aussi à Pasteur, car cela éviterait définitivement les commentaires tardifs, incertains du type de ceux qui ont fleuri depuis quelque temps et dont, pour le moins, certains sont très peu autorisés sur le plan scientifique.

La *Correspondance* publiée de Pasteur (pour l'essentiel, les lettres qu'il envoya, très peu de celles qu'il reçut) a fait l'objet d'une édition en quatre tomes (Flammarion, Paris, 1946-1951), par Pasteur Vallery-Radot qui déposa plus tard à la Bibliothèque nationale ce qui était en sa possession. Elle a l'inconvénient d'être incomplète, de nombreux fonds plus ou moins importants n'y figurant pas. De plus, elle n'est pas totalement fiable, à cause d'omissions parfois minimes, mais souvent importantes pour la compréhension du personnage et contient des exemples du flirt que son entourage a fait parfois avec la vérité. Ainsi, on peut se demander pourquoi la lettre qui montre que les Pasteur sollicitèrent l'entrée de leur fille aînée Jeanne aux Maisons

---

[43] Françoise Balibar, Marie-Laure Prévost, coordonné par (1995) *Pasteur. Cahiers d'un savant*. CNRS éditions, Bibliothèque Nationale de France, Zulma, Paris.

[44] Mon observation ne s'adresse pas à un savant reconnu comme par exemple le professeur Claude Hannoun, de l'Institut Pasteur, qui a commenté dans ce volume des pages sur la rage et qui m'a fait part de son admiration (justifiée) pour ces cahiers.

d'Education de la Légion d'honneur[45], grâce à son grand-père, chevalier de l'Ordre à titre militaire, ne fut pas publiée ? Ce n'était pas une tare. On pourrait croire que le petit-fils de Pasteur n'en eut pas connaissance au moment de l'édition. Mais, pour une autre lettre éditée en partie, une coupure matérialisée dans l'édition par des petits points correspond à un paragraphe sur le même sujet. Il a donc été omis volontairement[46]. Ce texte a trait à une lettre de la Chancellerie avisant les parents de la date de rentrée, le 10 octobre, à la Maison d'Education de Saint-Denis. Pasteur allait demander le report de cette rentrée pour Jeanne au 1er janvier suivant, pour raison de santé, quand la petite mourut à Arbois le 10 septembre. N'est-il pas regrettable aussi qu'une phrase qui évoque (il y a de fortes chances) une ardente vie amoureuse (« J'ai mieux compris le bonheur que j'aurais d'un cantique de Salomon que nous avons je crois lu ensemble »[47]) ait été supprimée de la missive d'un Pasteur de trente-six ans à sa femme Marie ? Les allusions à son ami d'enfance Altin Vercel ont souvent été éliminées aussi sans que l'emplacement des coupures soit toujours marqué. Etc. L'exemple le plus caractéristique concerne deux phrases à la fin d'une lettre très importante que Pasteur adressa le 27 février 1843 à ses parents[48]. Alors pensionnaire à l'institution Barbet à Paris, il énumérait entre autres les moyens de ne pas faire de service militaire. En consultant les registres des conseils de révision du printemps 1843 aux archives départementales du Jura, je m'étais aperçu qu'il avait été réformé pour goitre, mais aucune indication n'apparaît

[45] Lettre de LP et MP à JJP (28.2.1859) BNF NaF 351-353.
[46] Lettre de LP à JJP (4.9.1859) BNF NaF 18096 351-349-350. *Corr.*, **II**, p. 55.
[47] Lettre de LP à MP (8.9.1859) BNF NaF 18096 351-352. Lettre publiée sans cette phrase *in Corr.*, **II**, pp. 56-57.
[48] Lettre de LP ses parents (27.2.1843) BNF NaF 18096 72-73. *Corr.*, **II**, pp. 83-87.

dans la *Correspondance* publiée par Pasteur Vallery-Radot (Flammarion), ni dans les manuscrits de la Bibliothèque nationale pour la simple raison que la fin du texte manque dans le document original. En réalité, une mention apparaît dans la *première édition* du tome I de la *Correspondance*, le seul paru en 1940 chez Grasset, mais elle a été supprimée, *sans blancs, ni petits points*, dans l'édition Flammarion. La fin de la lettre ne figurant pas dans le manuscrit de la Bibliothèque nationale, il n'y avait aucun moyen de se rendre compte du caviardage, sauf à posséder la première édition et à la comparer à celle de Flammarion. L'explication probable est que Pasteur Vallery-Radot, peu fier de l'épisode dont il se rendit probablement compte après publication, voulut éviter qu'il soit connu. Comme l'édition Grasset du premier volume de la *Correspondance* était apparemment restée confidentielle, du fait de la guerre sans doute, c'était facile. La question est de savoir si Pasteur Vallery-Radot fit en sorte aussi que la lettre originale fût incomplète, car, pour la première édition, il l'eut complète entre les mains… L'acte est sans excuse. Dans le même ordre d'idées, pourquoi Pasteur Vallery-Radot ne fit-il pas connaître la correspondance de son grand-père conservée à l'Institut de France, où son titre de membre de l'Académie française lui donnait un accès facile ? Je pense à certaines pièces du Fonds Dumas, à l'Académie des Sciences. La même question se pose, à peu d'exceptions, pour le dossier administratif de Pasteur des Archives Nationales. Le petit-fils l'a consulté, puisqu'il en a cité des éléments. Pour le reste, le souci de masquer des détails est probable, même s'il y avait peu à cacher. Inversement, on ne saisit pas ce qui le poussa, alors qu'il supprimait des phrases comme celles que j'ai citées, à en publier d'aussi *« compromettantes »* (si l'on peut dire !) en termes d'image.

Lorsque, le 7 octobre 1852, alors qu'il rentrait d'Allemagne, Pasteur *« ordonna »* (*sic*)[49] à sa femme de rentrer de Paris à Strasbourg avec leur fils Jean-Baptiste, âgé de onze mois, dans les conditions ferroviaires de l'époque, il ne plaisantait pas (il le précise : *« Je ne ris pas du tout »*, ce qui tend à prouver *a contrario* qu'il lui arrivait de plaisanter en famille, comme naguère à Arbois avec ses sœurs) et l'image du couple en prend un coup, si l'on me pardonne l'expression. Mais qu'est-ce que cela cache en matière de vie familiale, voire de drame latent ?

La Bibliothèque Nationale possède une partie de la correspondance reçue par Pasteur ou échangée avec ou par ses proches. La plupart des lettres de Marie Pasteur à leurs enfants Vallery-Radot, de son gendre René Vallery-Radot, d'amis comme Charles Chappuis, professeur de Philosophie, puis recteur d'Académie, ou Jules Marcou, de ses principaux maîtres, d'autres encore, y compris des cartes de l'Empereur Napoléon III restées inédites ou... méconnues plus ou moins volontairement. J'ai tendance à penser parfois que ce fut plus que moins. Pour ne prendre qu'un exemple, l'examen des lettres (environ quatre-vingts) conservées à la Bibliothèque Nationale et à l'Institut de France du physicien et astronome Jean-Baptiste Biot[50] montrent le rôle essentiel que joua celui-ci dans la formation scientifique et dans le début de carrière de Pasteur et changent même la vision que l'on peut avoir de la prescience d'un jeune génie supposé, et donnent une vision plus classique du début de sa carrière, ce qui n'enlève rien à la qualité de son esprit. C'est le cas notamment lorsque Biot propose à un jeune Pasteur surchargé de besogne universitaire, dont je ne suis pas certain qu'il y ait été ni bien préparé, ni bien à l'aise, des

---

[49] Lettre de LP à MP (7.10.1852) BNF NaF 18096 144-145. *Corr.*, **I**, p. 290.

[50] Cf. note *supra*.

thèmes et de l'argent pour ses recherches et même, en une occasion, *d'expérimenter à sa place et de lui donner ses résultats*. Le vieux savant, recru de gloire scientifique, eut alors ce mot extraordinaire : *Je serai votre préparateur secret*[51]. C'est Cyrano autrement. Par cette aide technique et parfois financière, de ses deniers, Jean-Baptiste Biot voyait le moyen d'accélérer les travaux de son protégé, car il en pressentait l'importance exceptionnelle pour la Science. Cela me paraît beaucoup plus important pour la compréhension de la carrière de Pasteur que des discussions byzantines sans intérêt que l'on a vu paraître ces dernières années sur ses cahiers de laboratoire.

Dans un tout autre ordre d'idées, la description par le vieux physicien d'une dégustation avec trois autres grands de la science du moment, d'un vin de paille envoyé par Jean-Joseph Pasteur, père de Louis[52], est un morceau d'anthologie, de même que sa réponse d'une légèreté voulue à une demande prématurée de Légion d'honneur par le jeune impatient qu'était Pasteur[53]. A elles seules, ces lettres justifient la publication de l'ensemble. Quant aux *Mémoires inédits* de Jules Marcou, qui furent déposés par Pasteur Vallery-Radot à Besançon, aux Archives Départementales du Doubs (pourquoi pas du Jura, puisque Marcou était salinois ?), elles donnent des informations introuvables sur la vie au collège royal de Besançon et à la pension Barbet de Paris. Ces textes auraient-ils dérangé la légende, et Pasteur-Vallery-Radot pensa-t-il que, le conformisme aidant, on les laisserait là où ils étaient ? Qu'après René Vallery-Radot, le petit-fils de Pasteur ait voulu protéger une certaine manière de raconter la vie de son aïeul est une évidence, mais pour des détails comme ceux que rapporte Jules Marcou, on ne comprend pas.

---

[51] Lettre de JBB à LP (185.....) BNF NaF 18 101.
[52] Lettre de JBB à LP (7.11.1851) BNN NaF 18101 230.
[53] Lettre de JBB à LP (23.12.1850) BNN NaF 18101 209.

L'édition générale de la correspondance de Pasteur ou reçue par lui est donc à faire, celle des cahiers de laboratoire et de textes périphériques aussi. Cela aurait pu constituer une tâche nationale pour le centenaire de la mort de Pasteur. Concrètement, les insuffisances, dont j'ai donné quelques exemples, m'ont amené à comparer systématiquement la *Correspondance* éditée et les lettres originales, ce qui m'a conduit à mettre en note les références de la Bibliothèque nationale ou des autres organismes qui les conservent, avec celles de l'édition imprimée, du moins quand c'était possible.

Eloge de la discussion scientifique

A côté ou peut-être à cause d'une adulation souvent excessive, Pasteur eut à faire face à de nombreuses oppositions. Le petit livre, paru en 1887, du vétérinaire Paul Bouiller, de Courville-sur-Eure[54], présente un concentré exhaustif, exemplaire même, si l'on peut dire, de toutes les critiques, le mot est souvent faible, lancées depuis un siècle à la figure de Pasteur : homme intéressé par l'argent, orgueilleux, réactionnaire, voleur des travaux des autres, spiritualiste, moitié jésuite et moitié franc-maçon et même juif ! Dans cette espèce d'auberge espagnole, le débat scientifique, que Boullier était d'ailleurs bien incapable de soutenir, est absent, sinon sous la forme d'affirmations non étayées qui n'avaient déjà plus ou qui n'avaient jamais eu de vraisemblance. Tous ces thèmes ont trouvé récemment une espèce de regain d'actualité sous la plume de certains écrivains *post-modernes* ou *relativistes*, je ne sais trop quel est le mot

---

[54] P. Boullier (1887) *La vérité sur M. Pasteur*. Librairie Universelle, Paris.

juste, mais cela n'a pas grande importance, sinon peut-être pour ces chapelles.

Le seul qui intéresse le savant est la discussion scientifique, tant elle est essentielle au progrès de la Science, car d'elle jaillit la lumière. Aucun vrai savant ne peut la refuser. Elle fut permanente, et c'est normal, dans l'œuvre de Pasteur. Qu'elle ait été parfois vive et que des querelles de personnes s'en soient parfois mêlées, suscitées par l'émulation et la concurrence, est une évidence. Les savants sont des hommes comme les autres, chacun avec son caractère, et il aurait été anormal qu'il en aille autrement. Cela explique que des controverses aient eu lieu *évidemment* autour des travaux de Pasteur, dans une époque de foisonnement scientifique exceptionnel (le « siècle des merveilles » de la Science) où chacun voulait avoir sa place, plus sur les générations spontanées que sur d'autres sujets parce qu'elles ouvraient sur un monde inconnu et que, de plus, certains y trouvèrent à tort des motifs de discussion métaphysique. Il est tout aussi vrai que, dans ces sortes de discussions, les protagonistes ne sont pas toujours de niveau égal. C'est pourquoi des susceptibilités d'âge, de spécialité ou de niveau intellectuel intervinrent inévitablement et pas forcément dans le sens que l'on croit. Dans les réactions de Pouchet contre Pasteur, on trouve en effet la morgue de l'aîné arrivé. Le naturaliste de Rouen appartenait en effet à la génération qui précédait celle de Pasteur et, en 1859, au moment où débuta la discussion entre les deux hommes, il était correspondant de l'Académie des Sciences depuis dix ans, alors que Pasteur n'arrivait toujours pas à le devenir. A cette époque, les différences d'âge et de position honorifique comptaient infiniment plus que de nos jours. Contrairement à ce qu'ils prétendent, les idéologues de tout poil doivent se résoudre à admettre que, si les hommes ont tous la même dignité, la diversité biologique fait que, pour eux comme pour n'importe quelle autre espèce vivante, ils se différencient forcément de leurs voisins par quelques caractères et sont de ce fait inégaux, ce qui n'a jamais empêché les sociétés de se former et les hommes d'y vivre en harmonie le plus souvent. La vie serait insupportable si nous nous ressemblions tous. Henri Gaussen écrivait en 1953 à propos de la « hêtraie sans hêtre »[55] : « L'arbre a une dignité particulière et on n'a pas à le traiter comme une Lysimache ou un Pain de Coucou (…) L'arbre crée le milieu. L'inégalité est une loi de la nature. Malgré nos idées démocratiques, si les divers hommes ont la même dignité, ils n'ont pas la même importance ».

En science, c'est pareil, mais inversement, *l'histoire des sciences nous révèle (...) la dignité du plus humble effort, car il n'est point d'éclatante découverte qui n'ait été précédée et préparée par d'obscures tentatives* (Jean Rostand)[56]. Au siècle dernier, comme auparavant et de même qu'aujourd'hui, tous n'avaient pas la même force, ni le même niveau, mais tous étaient animés par le souci *moral* de faire avancer la connaissance dans tous les domaines, et notamment de stopper la mortalité infectieuse. Ce qui importe aux savants de tous niveaux, c'est la *complémentarité dans la Science* entre tendances opposées qui, en conditions non totalitaires du moins, finissent par s'unir autour d'une idée commune. Pouchet en est un exemple, lui qui écrivit sur la viciation de l'air génératrice de maladies infectieuses, des lignes en rupture avec ses thèses spontanistes[57] : *Je ne crains pas de prédire que, dans un avenir assez prochain, la micrographie sera*

---

[55] H. Gaussen (1953) La Hêtraie sans Hêtre. *Rev. for. franç.*, n° 10, pp. 650-652.

[56] J. Rostand, *Le courrier…*, « Sur l'histoire des sciences », p. 217.

[57] F. A. Pouchet, *Nouvelles expériences sur la génération spontanée…*, p. 89, en note.

appelée à jeter de vives lumières sur l'étiologie de quelques-unes de nos plus funestes maladies épidémiques et endémiques. On a vu comment Pouchet passa à côté du rôle des vibrions dans l'étiologie du choléra. Néanmoins, sa position réaliste vis-à-vis du microscope est à mettre en face de celle, dogmatique, d'Auguste Comte, qui refusait cet instrument irremplaçable sous prétexte qu'il s'interposait entre ses sens et les objets observés ! Pouchet construisit même un aéroscope destiné à recueillir les particules de l'atmosphère (d'après P. Miquel, déjà cité, en 1883, cet appareil était encore utilisé alors que d'autres avaient vu le jour), tandis que Pasteur abandonnait le sujet. C'est pourquoi Pouchet doit être considéré comme l'un des créateurs de l'aérobiologie, ce qui marque son influence exacte dans la Science. Il était donc inutile de malmener Pasteur à son profit, mais encore faut-il connaître la bibliographie.

Le processus normal de la recherche est d'aboutir autant que possible à une synthèse acceptée de tous, dont le résultat se traduit par une avancée significative de la Science ; c'est aussi pour chacun l'espoir bien humain de laisser sa trace dans le sable du temps. Il est curieux que l'on soit obligé de rappeler ces évidences. Ensuite, une nouvelle théorie attend souvent la génération suivante pour apparaître. Il est symbolique par exemple qu'Eduard Büchner (1860-1917 ; prix Nobel de Chimie : 1907) ait publié la découverte de la zymase de la Levure deux ans après la mort de Pasteur, faisant ainsi la synthèse entre la théorie chimique et la théorie vitaliste. Il est significatif aussi que Duclaux rédigea le livre sur les maladies infectieuses auquel son maître rêva dans un texte rédigé vers 1876 et dont son petit-fils publia un extrait[58]. Il l'est sans doute plus que Pasteur lui-même, après avoir écrit en

---

[58] L. Pasteur (1933) *Œuvres*, **VI**. « Introduction », par Pasteur Vallery-Radot, pp. V-VI. Masson, Paris.

1860 sur les générations spontanées[59] : *Je n'en ai pas fini avec toutes ces études. Ce qu'il y aurait de plus désirable serait de les conduire assez loin pour préparer la voie à une recherche sérieuse sur l'origine des diverses maladies. Aussi j'espère que l'Académie voudra bien me permettre de lui soumettre encore prochainement de nouvelles observations sur les générations spontanées. Dans un tel sujet qui touche à tant de choses, et des plus obscures, il ne saurait y avoir surabondance de preuves expérimentales*, ait pu dire en 1871, avec ingénuité, au docteur Gilbert Déclat (1827-1896) qui préconisait le phénol comme antiseptique dans le traitement des plaies[60] : *Savez-vous qu'un célèbre chirurgien anglais Lister, d'Edimbourg[61], a établi une pratique nouvelle reposant sur mes travaux et qu'il est imité présentement (n'est-ce pas également ce qu'a imité M. Guérin ?[62]) par les médecins et chirurgiens de Londres avec les plus grands succès ? C'est de Tyndall que je tiens tout ceci.* Cette déclaration étonnée est la preuve qu'il n'avait pas pensé, peu ou *« dans l'absolu »*, en *« rêvant »* (il *« rêvait »* souvent, ou méditait) à ces conséquences. Elle est cohérente aussi avec ses buts : *Les recherches* (sur les générations dites spontanées) *dont j'ai maintenant à rendre compte n'ont été par conséquent qu'une digression obligée de mes études sur les fermentations. C'est ainsi que je fus conduit à m'occuper d'un sujet qui jusque là*

---

[59] L. Pasteur (1860) Suite à une précédente communication relative aux générations dites spontanées. *C.R.Acad.Sci.*, **LI**, pp. 675-678. *Œuvres*, **II,** pp. 550-551.

[60] Lettre de LP au Dr. Declat (sept. 1871). *Corr.*, **II**, pp. 550-551.

[61] Joseph Lister (1827-1912), professeur de Clinique chirurgicale au Collège royal des chirurgiens de Londres, créateur de l'aseptie chirurgicale. Académie des Sciences (Paris) : 1893).

[62] Alphonse Guérin (1817-1895), chirurgien à l'Hôtel-Dieu de Paris. Ce médecin préconisait le pansement ouaté des plaies (cf. les notes de Pasteur sur ce sujet en 1874, *Œuvres*, **VI**, pp. 87-103).

n'avait exercé que la sagacité des naturalistes[63], point de vue qu'il confirma à son ami Charles Chappuis[64] : *Le véritable intérêt de cette étude, en ce qui me concerne, se trouve tout entier dans les liaisons du sujet avec les fermentations auxquelles je vais me remettre dès le mois de novembre.* Ch. de Vauréal en 1864, Carl Flügge en 1886, considérèrent les travaux de Pasteur sur les générations spontanées sous l'angle des fermentations, dont c'était effectivement le prolongement. Le développement de la microbiologie médicale doit plus à d'autres qu'à Pasteur, notamment au docteur Robert Koch, mais ce fut Pasteur qui créa l'Immunologie.

Emile Duclaux fut le premier à reconnaître les bienfaits de la discussion scientifique à propos de l'Anglais Charlton Bastian (1837-1915), professeur de Clinique médicale à l'University College de Londres, qui soutint cette théorie jusqu'en 1912, avec qui des discussions animées sur les générations spontanées, dont découlèrent les progrès rapides de l'asepsie, de l'hygiène et les avancées de la technique microbiologique, eurent lieu[65].

---

[63] L. Pasteur, Mémoire sur les corpuscules organisés…, *Œuvres*, **II**.

[64] Lettre de LP à Ch. Ch. (10.8.1860), *Corr.*, **II**, p. 73.

[65] E. Duclaux, *Pasteur, histoire…*, pp. 146-152.- Ch. Bastian ne fut pas plus un « réprouvé » de la science que Pouchet. L'un et l'autre publièrent ce qu'ils voulurent, sauf Bastian tout à la fin de sa vie, car les « comités de lecture » de l'époque jugèrent, à juste titre d'ailleurs, que la question des générations spontanées telle qu'il la défendait était largement dépassée. En 1908, il publia un ouvrage récapitulatif : *L'évolution de la vie*, dans la Bibliothèque Scientifique internationale (F. Alcan, Paris), où il réfutait une fois de plus les travaux de Pasteur. Dans cette collection, il voisinait avec les plus grands noms de la science du moment. L'ouvrage est précédé d'une courte préface du traducteur, Henry de Varigny, qui fait avec justesse la distinction entre *le cas particulier*, discuté par Pasteur en 1862, sur lequel, précise-t-il, presque tous accordent qu'il avait eu raison, et celui de la genèse de la vie. Bastian eut surtout un rôle inducteur pour définir les conditions de stérilisation du matériel et des milieux de culture.

Les erreurs de Bastian furent patentes, mais sa *« croisade »* spontaniste fut utile : *Toute notre technique* (microbiologique) *actuelle est fille des objections faites par Bastian au travail de Pasteur sur les générations spontanées*, note Duclaux, qui conclut : *On peut dire que toutes ces discussions ont été utiles, car elles ont suscité de nouvelles expériences. Le plus utile a été la controverse avec Bastian, parce que là, les deux adversaires, sans être d'égale force, avaient le même culte et la même foi. Bastian a rendu service à la science ; il l'a fouettée du mauvais côté, mais il l'a contrainte à avancer.* Jean Rostand exprima la même chose[66] de manière plus mesurée : *En contraignant, par leur entêtement, par leur obstination, les antispontanistes à mieux clarifier et définir les conditions de leurs expériences, en les poussant dans leurs retranchements, en les forçant à resserrer toujours davantage les mailles de leur filet*, (les spontanistes) *ont sûrement concouru, pour leur part, au progrès du savoir*. Bien longtemps avant déjà, remarque Rostand, Needham avait créé la technique qui permit à Spallanzani, puis à Pasteur de montrer l'existence des germes préorganisés dans l'atmosphère, alors qu'avec elle, il espérait prouver le contraire : *Erronée, bien sûr, était la conclusion de Needham, mais le procédé, la technique qu'il avait utilisée pour la première fois - en 1745 - devait se montrer extrêmement féconde. Durant tout le long débat des générations spontanées, c'est-à-dire jusque vers 1870, c'est l'expérience de Needham qui sera constamment reprise ; c'est elle qu'on répétera à satiété en en modifiant les conditions, en s'efforçant de la perfectionner et d'en éliminer les causes d'erreur. Rendons, sur ce point, hommage à l'Anguillard : nous lui devons la technique par laquelle ses propres affirmations*

---

[66] J. Rostand, *Le courrier...*, « Histoire des idées sur l'origine de la vie », p. 173.

devaient être ruinées. Par là, Needham mérita de voir son nom inscrit au Panthéon de la Science, avec Spallanzani et Pasteur. Un mot d'explication sur le surnom donné par Voltaire à Needham : celui-ci prétendait voir apparaître de « petites anguilles » dans ses liquides de culture. Il s'agissait bien sûr de microorganismes que l'insuffisance des microscopes ne permettait pas d'observer aisément, surtout si, comme l'a écrit Philippe Boutibonnes, *« l'exercice du regard »* n'était pas élevé au rang de pratique quotidienne, voire rituelle[67]. Le plus essentiel tient à ce que, comme les peintres qu'il fréquentait dans sa cité de Delft, Leeuwenhoek dessinait ce qu'il voyait, sans artifice : *Ses dessins* (…) *nous touchent par leur pauvreté, et nous rappellent que, pour accéder à ce noyau de vérité, chaque corps doit être décapé du vernis illusoire qui l'enveloppe* : *le tracé qui le restitue sur le papier passe déjà par le crible de la raison*. C'était toute la différence entre l'Anguillard et les vrais savants. Prenons un autre exemple. En 1881, le succès des vaccinations publiques d'animaux d'élevage à Pouilly-le-Fort[68], dont l'origine provenait de l'opposition d'un vétérinaire du nom de Rossignol, entraînèrent le ralliement du principal contestataire, des vétérinaires et des éleveurs français et étrangers à la prophylaxie anti-charbonneuse du bétail.

Quelques années après, les attaques du professeur Michel Peter (1824-1893), de la Faculté de Médecine de Paris, un des meilleurs cliniciens du moment, coïncidant avec l'affaire d'un enfant mort de rage vaccinale, jouèrent certainement un rôle dans la désignation d'Emile Roux par le doyen de la Faculté de Médecine de Paris, Paul

---

[67] Ph. Boutibonnes (1994) *Van Leeuwenhoek. L'exercice du regard*. Belin, Paris, p. 13.

[68] R. Moreau (1981) Les expériences publiques de Pasteur à Pouilly-le-Fort : à propos d'un centenaire. *Acad. Sci. Belles-Lettres et Arts de Besançon et de Franche-Comté, PV et Mém.*, **184**, pp. 257-281.

Brouardel (1837-1906), pour terminer la mise au point du vaccin antirabique. La conséquence fut le vertueux passage de témoin de Pasteur à Emile Roux, c'est-à-dire la génération suivante, la plus à même d'assurer les développements de ses découvertes. Dans un registre différent, Wilhelm Zopf (1846-1909), partisan du pleiomorphisme et qui fut combattu à ce titre par Serge Winogradsky (1856-1945), apporta une contribution utile à la classification des bactéries en décrivant les *Coccaceae* et les *Bacteriaceae*. Etc.

Malheureusement, concernant Pasteur, la « littérature » s'en est donné à cœur joie, ce qui serait sans conséquence si, depuis quelques décennies et probablement par effet de mode, on n'avait donné à cette forme d'expression une importance sans rapport avec ce qu'elle représente véritablement pour la vie de l'homme.

Sur ce point, on il faut se souvenir constamment de ces lignes de Maxime du Camp (1822-1894) lorsque, étant lui-même académicien français (1880), il compara dans des notes personnelles les travaux de Pasteur avec ceux de l'Académie française : « Dans une discussion (dans cette Académie) il ne prend jamais la parole, il est cependant de quelque assiduité aux séances, mais, lorsqu'il compare nos travaux aux siens, j'imagine qu'il trouve que nous faisons de la bouillie pour les chats et il n'a pas tort ». Encore faut-il, pour juger ainsi, avoir la même intelligence et la même honnêteté que l'ami de Flaubert.

« Post-modernité » et relativisme

A côté de l'hagiographie et de pamphlets « traditionnels », qui deviennent d'ailleurs de plus en plus rares[69], le temps faisant son œuvre, une nouvelle présentation des travaux de Pasteur est apparue assez récemment, dont les auteurs semblent souvent rechercher des réponses aux questions que leur suggère le présent, plutôt qu'autre chose, comme le suggérait un jour Max Gallo sur France-Culture, à propos de la mode actuelle des « repentances » en tous genres. Je n'ai pas la compétence et encore moins l'intention d'exposer les tendances structuralo-marxistes qui tiennent lieu de pensée philosophique à certains auteurs à la mode : je renvoie pour cela à l'ouvrage de M. Denis Huisman[70]. Néanmoins, pour la clarté de l'exposé, je crois utile de résumer d'après cet auteur et de façon aussi brève que possible, le passage de la philosophie au nihilisme du « relativisme » et de la « post-modernité », courants intellectuels « caractérisés par le rejet plus ou moins explicite de la tradition rationaliste des Lumières, par des élaborations théoriques

---

[69] Le dernier ou l'un des derniers en date semble avoir été celui du docteur Philippe Decourt, chercheur de qualité, pour ne pas dire savant (le Largactil), qui fit paraître en 1989, dans les « Archives internationales Claude Bernard » (éditions de la Vieille Taupe, Paris), qu'il animait, des *Vérités indésirables*, dont la seconde partie est consacrée à : « Comment on falsifie l'histoire : le cas Pasteur » (pp. 133-313).Ce texte porte sur les discussions entre Pasteur et Antoine Béchamp (1816-1908) et sur les maladies infectieuses. Le docteur Decourt crut devoir encourager une pharmacienne à soutenir sur Béchamp, une thèse d'Etat en Pharmacie qui n'apporta malheureusement rien à la Faculté de Strasbourg. Je précise que Béchamp y avait professé au milieu du dix-neuvième siècle et avait suppléé Pasteur à la Faculté des Sciences de la capitale de l'Alsace en 1854, pendant l'un de ses congés avec solde, une habitude quelque peu regrettable de Pasteur.

[70] D. Huisman (1997) *Socrate sur Internet. Pour une philosophie médiatique*. De Fallois, Paris. Cf. : « Introduction » (pp. 9-18) et chap. IV : « L'éclipse actuelle de la Philosophie » (pp. 152-202). Les citations que je fais de l'auteur proviennent de ce chapitre, spécialement de la partie 2 : « De la réduction épistémologiste au nihilisme », pp. 167-178.

indépendantes de tout test empirique, et par un relativisme cognitif et culturel qui traite les sciences comme des « narrations » ou des constructions sociales parmi d'autres », ont écrit les physiciens Alan Sokal et Jean Bricmont, dans un livre qui a fait l'effet d'un coup de pied dans la fourmilière ; celui d'un autre physicien, prix Nobel (1979), Steven Weinberg, est tout aussi intéressant[71].

Ces mouvements apparurent vers 1965 dans les universités californiennes, au début des mouvements

---

[71] A. Sokal et J. Bricmont (1997) *Impostures intellectuelles*. Odile Jacob, Paris, pp. 11-12.- S. Weinberg (1997) *Le rêve d'une théorie ultime*. Odile Jacob, Paris.- J'ai lu ces livres salubres et ceux de M. Denis Huisman et de M. Claude Allègre (*Dieu face à la Science* (Fayard, Paris, 1997), alors que le mien était prêt. Cela a rendu nécessaire la reprise de mon prologue. On ne peut qu'approuver la démarche de démythification et surtout de démystification entreprise par les auteurs. Je rappelle qu'en 1996, Alan Sokal, professeur de Physique à l'Université de New-York (son co-auteur est professeur de Physique théorique à l'Université de Louvain), fit une expérience, celle de soumettre à une revue américaine à la mode, *Social Text*, un article singeant la littérature dite « post-moderne », sans préciser aux éditeurs, évidemment, qu'il s'agissait d'une parodie. Le texte, « bourré d'absurdités et d'illogismes flagrants », comme Alan Sokal le décrit lui-même, fut publié sans coup férir dans un numéro spécial, conçu comme une réponse aux critiques de scientifiques contre les « post-modernes » justement. C'était en quelque sorte un savant qui se désolidarisait de son milieu. Il était difficile aux éditeurs de *Social Text* de se livrer à une auto-réfutation plus radicale ! En France, le livre des deux physiciens semble avoir fait l'effet d'un coup de pied dans une fourmilière, suscitant des réactions effarouchées, parfois assez minables. Le livre du Prix Nobel de Physique apporte des compléments indispensables, avec notamment un chapitre intitulé « Contre la philosophie », qui répond aussi aux post-modernes et aux relativistes. A côté de ces ouvrages et parmi les « indispensables » récents, il faut placer celui de M. Denis Huisman, qui apporte une vue aussi claire qu'il le peut sur des écoles à la mode et de ce fait fongibles, dont la clarté n'est pas le fort. *Dieu face à la Science* est une nécessaire mise au point méthodologique, qui remet à leurs vraies places la Science, les religions et les doctrines philosophiques que l'auteur n'a pas oubliées.

contestataires de la société dite de consommation et de leur extension à l'Europe. En simplifiant à l'extrême, je prendrai l'exemple de M. Gilles Deleuze (1925-1995), « philosophe professionnel », en me basant sur le livre de Denis Huisman. Après avoir publié des livres « classiques » sur Nietzsche, Kant, Bergson et Spinoza, une méfiance critique apparut chez cet auteur vers 1953 à l'égard de l'institutionnel, indique Huisman. Cet état d'esprit somme toute assez courant se transforma en 1968 en une identification de la société contemporaine à un système de recherche du profit, obstacle à toutes les pulsions, comme si un système social n'était pas, par définition, un organisme de régulation et de protection des individus. La mort de la société et de l'homme n'était pas loin. En proie à une vive admiration pour le psychanalyste Jacques Lacan, Gilles Deleuze et son co-auteur le psychanalyste Félix Guattari (*in* : *Capitalisme et schizophrénie*, tome I : *L'Anti-Oedipe*, 1972) refusèrent néanmoins (je cite Huisman) « l'ordre du Maître et érig(èr)ent en principe universel le « il est interdit d'interdire » de la révolte étudiante de 1968 ». Difficile pour Deleuze de mieux « hurler avec les loups », pour prendre une expression populaire, ou encore d'adapter ses opinions à l'actualité. Deleuze partagea alors avec les structuralistes, l'idée que la structure était tout, tandis que l'histoire n'était rien ou, au mieux, un leurre. Un de ses émules, Gianni Vattimo, entrevoyait même une « dissolution de l'histoire ». Seulement, il n'y a pas d'homme sans histoire. « Déshistoriciser » l'homme, comme le voulait Deleuze et bien d'autres avec lui, n'est qu'un canon marxiste destiné à le couper de ses racines et le faire disparaître en tant qu'être responsable, moyen extrême de pouvoir que tous les régimes concentrationnaires, communistes notamment, ont utilisé, on le sait trop. Il est révélateur que le même Deleuze ait publié en 1966, dans le *Nouvel Observateur*, un article intitulé : « L'Homme, une existence douteuse ». Huisman pose la question et répond : « Comment cet écrivain, qui a consacré plusieurs ouvrages à la vie et à l'œuvre de philosophes célèbres, ne voit-il pas que sans son histoire et hors de son histoire, la pensée philosophique se réduit à la pure poéticité[72] d'une création toute subjective, même si, dans le même temps, les structuralistes et les structuralisants nient le sujet et essaient de penser une réalité sans sujet ? En fait, il le voit parfaitement et il s'emploie, d'une manière quelque peu masochiste, à détruire la philosophie, essentiellement parce que son histoire révèle que depuis Platon elle a été institutionnalisée. Et c'est bien l'institution qui est l'objet d'une haine commune de la part des Foucault, des Bourdieu, des Barthes et des Deleuze - bien qu'ils aient accepté d'assumer d'importantes fonctions dans de très respectables institutions ». Leur détestation du système ne va pas jusqu'à en faire des Diogène, c'est trop difficile. Quant à Job, n'en parlons pas.

Pour les théoriciens de la « post-modernité », qui paraissent animés de la même haine de l'institution scientifique, philosophique, religieuse, politique et historique que les précédents, il n'y a plus d'histoire, la

---

[72] Impossible de ne pas penser à la douzaine d'émissions proposées dans l'été 1997 sur la chaîne de télévision ARTE, par M. Michel Serres et consacrées à la vision de cet auteur sur l'histoire des sciences. Les émissions que j'ai suivies m'ont laissé pantois en raison des approximations et de l'abondance… de vues marines accompagnées de musique classique, souvent sans commentaire, qui remplaçaient par un discours poétique à la Bachelard pour les premières et une possible insuffisance conceptuelle pour les secondes, l'exposé rigoureux de faits scientifiques que l'on était en droit d'attendre. Un chef d'œuvre « d'icono-phonique » (Jean Whahl), facile, agréable pour une nuit d'été, mais de Science nulle part ou presque et de Philosophie sans doute pas non plus.

chute de l'URSS marquant même « la fin de l'Histoire », en réalité la fin des illusions de croyants en des lendemains qui allaient forcément chanter après la lutte finale, l'évanouissement définitif des fantasmes « d'hommes de foi » en mal d'action et persuadés qu'ils allaient « changer la vie » et participer à l'enfantement d'une existence nouvelle (D. Huisman). D'où la « tristesse résignée » de gens qui paraissent se situer en dehors du réel, du moins dans ce qu'ils écrivent, et qui, s'étant trouvés privés de divertissement au sens pascalien du mot avec la chute des états communistes, constatèrent en même temps que le roi était nu. Cela explique leurs difficultés, leurs réticences, voire leur mauvaise foi à admettre les horreurs intrinsèques du régime déchu. Privés de repères intellectuellement commodes, ils se croient placés devant l'apocalypse (forcément atomique) et la dépolitisation des individus manipulés par des médias (sur ce point, ils n'ont pas tort), ce qui leur enlève à eux-mêmes tout pouvoir, mais leur donne en même temps la tentation d'utiliser ces moyens nouveaux à leur profit. La citation suivante est de Jean-François Lyotard, pour qui la créativité artistique, fortement marquée de surréalisme en ce qui le concerne, doit supplanter l'histoire et la philosophie. Elle annonce aussi la mort de l'homme : « La nouveauté est que dans ce contexte les anciens pôles d'attraction formés par les Etats-nations, les partis, les professions, les institutions et les traditions historiques perdent de leur attrait. Et ils ne semblent pas devoir être remplacés, du moins à l'échelle qui est la leur… Chacun est renvoyé à soi. Et chacun sait que ce soi est fort peu ». Denis Huisman, qui cite ce passage, commente : « Déclaration confusément « apocalyptique » qui mélange les formes étatiques, les partis politiques et les institutions en général, comme s'il pouvait y avoir demain ou après-demain, une vie sociale sans institutions et sans organisations professionnelles. Manifestement, la post-modernité est, dans ce cas, une notion qui permet de prendre ses désirs (antiinstitutionnels) pour des réalités et, à la limite, de dire n'importe quoi ». Certains ne s'en privent pas, à considérer le tome II de *Capitalisme et schizophrénie*, de Gilles Deleuze et Félix Guattari. Je cite ce livre (*Mille Plateaux*, Editions de Minuit, Paris, 1980) à cause des multiples allusions à la Biologie qu'on y trouve, mais quelles allusions ! Dans le chapitre qu'ils consacrent à ces auteurs, Alan Sokal et Jean Bricmont donnent de nombreuses citations de termes mathématiques ou physiques employées en dehors de leur contexte scientifique habituel et sans que ces écrivains « philosophico-littéraires », comme ils les nomment, en donnent une définition alternative[73]. Le biologiste, le géologue et le chimiste trouvent aussi dans cet ouvrage un « mélange aléatoire de mots scientifiques, pseudo-scientifiques et philosophiques » (Sokal et *al*), dont on peut craindre que les auteurs n'en connaissent pas le sens et dont l'amalgame n'a aucune signification. Leur liste serait longue. Des mots comme « molaire » et « moléculaire » reviennent souvent, sans que l'on sache si, pour les auteurs, il s'agit de notions semblables (ce qui est le cas) ou non. En réalité, je ne pense pas qu'ils l'aient su à lire une phrase comme celle-ci : « Toute société, mais aussi tout individu, sont donc traversés par les deux segmentarités à la fois : l'une molaire et l'autre moléculaire » (en italique dans le texte)[74]. L'extrait suivant mérite le détour (la seconde phrase : « Et les classes… », est à peu près intelligible) : « Les deux sexes (homme et femme) renvoient à de multiples combinaisons moléculaires, qui mettent en jeu non seulement l'homme

---

[73] A. Sokal, J. Bricmont, *Impostures…*, pp. 141-152.

[74] G. Deleuze, F. Guattari (1980) *Capitalisme et schizophrénie 2.- Mille plateaux*. Editions de Minuit, p. 260. Citation suivante : p. 261.

dans la femme et la femme dans l'homme, mais le rapport de chacun dans l'autre avec l'animal, la plante, etc. : mille petits sexes (*sic*). Et les classes sociales renvoient elles-mêmes à des « masses » qui n'ont pas le même mouvement, pas la même répartition, pas les mêmes objectifs ni les mêmes manières de lutter. Les tentatives pour distinguer masse et classe tendent effectivement vers cette limite : que la notion de masse est une notion moléculaire (en italique dans le texte), procédant par un type de segmentation irréductible à la segmentarité molaire de classe. Pourtant les classes sont bien taillées dans les masses, elles les cristallisent. Et les masses ne cessent de s'écouler dans les classes… »

Les auteurs semblent beaucoup priser les notions d'arbre, de rhizome, de trous noirs liés (page 261), aux fascismes ? ! : « Fascisme rural et fascisme de ville ou de quartier, jeune fascisme et fascisme ancien-combattant (*sic*), fascisme de gauche et de droite, de couple, de famille, d'école ou de bureau : chaque fascisme se définit comme un micro-trou noir (*sic*), qui vaut par lui-même et communique avec les autres, avant de résonner dans un grand trou noir central généralisé ». Et c'est pourquoi votre fille est muette.

Confusion ou utilisation plus ou moins métaphorique[75] de notions mal ou non maîtrisées ? « Le rôle d'une métaphore, rappellent Sokal et Bricmont, est d'éclairer un concept peu familier en le reliant à un concept qui l'est plus - pas l'inverse »[76]. On trouve ici ou là bien d'autres erreurs ou confusions sur Pasteur, son entourage et ses travaux. Ou dialectique utilisée de façon délibérée, sophiste, pour créer l'ambiguïté autour d'on ne sait quelle

---

[75] En grec, le mot « métaphore » veut dire « transposition ». Cette figure de langage consiste à donner à un mot un sens qu'on lui attribue par comparaison ou par analogie implicite.

[76] A. Sokal, J. Bricmont, *Impostures…*, p. 19.

thèse ? A moins aussi que, plus simplement, certains ne prennent pas la peine de vérifier leurs données, de les rechercher ou simplement de réfléchir. Par exemple, à la quatrième page de couverture du livre de M. Raichvarg[77], on apprend que, jusqu'à l'apparition du vaccin de Roux et de Pasteur contre la rage, « on ne connaissait d'autre thérapeutique que l'étouffement du malade ». On se demande si l'auteur et l'éditeur ont eu conscience de ce que le meurtre n'a jamais été un moyen thérapeutique. Est-ce une forme « d'humour » de type « cabaret », pour reprendre une expression de l'auteur ? Je ne crois pas au didactisme de l'ironie ou de la pirouette sur de tels sujets qui concernent la condition mortelle de l'homme. Il est d'autant plus dommage de trouver un tel lapsus que des publications existent sur le sujet, à commencer par le volume beau et très complet, qui fut conçu, dirigé et publié en 1985 par le docteur vétérinaire Roland Rosset[78]. On y trouve trois articles sur la prophylaxie et sur le traitement de la rage autrefois, dont le mien sur le traitement de la rage déclarée de l'Antiquité à l'aube du dix-neuvième siècle. J'y ai conté la manière douce et humaine dont les Méthodistes, avec Caelius Aurelianus, le dernier des grands écrivains médicaux et le plus grand médecin romain après Celse, faisaient preuve autrefois. Ils cherchaient à rassurer, à consoler les gens, pas à les tuer, et à faire en sorte que le *« passage »* leur soit le plus doux possible. D'ailleurs, Emile Duclaux l'a rappelé[79] : *La rage pèse sur les imaginations. Elle évoque des visions de légende, de malades furieux, inspirant la terreur à tout*

[77] D. Raichvarg (1995) *Louis Pasteur, l'empire des microbes*. Découvertes Gallimard.

[78] *In* R. Rosset, sous la direction de (1985) *Pasteur et la rage*. Informations Techniques des services Vétérinaires, Paris. Cf. R. Moreau (1985) La rage de l'Antiquité au siècle des Lumières, pp. 19-28.

[79] E. Duclaux, *Pasteur...*, p. 363.

leur entourage, attachés et hurlants, ou bien asphyxiés entre deux matelas. La réalité est bien plus douce et bien plus calme, et peu de morts sont plus douces que certaines morts rabiques… Mais les matelas sont plus vendeurs.

Autre exemples récent : avec un style très éloigné de la réalité scientifique (exemple : *Pastoriser une maladie n'est pas une chose facile. Il faut comme la coucher le long d'un arc dont toutes les étapes doivent être accomplies successivement*) et sans doute en vertu du principe qui veut que l'on ne prête qu'aux riches, M. Bruno Latour[80] semble attribuer à Pasteur, sous le vocable curieux de *« Blitzkrieg »* (?), une stratégie, qui mêle les principes que Jakob-Gustav-Frieddrich Henle (1809-1885) énonça en 1840 (Pasteur était alors élève du collège royal de Besançon) et ceux qui président à la fabrication, voire même, si je comprends bien, à la commercialisation des vaccins non jennériens.

A partir de 1880 environ, les pionniers de l'Immunologie furent effectivement Pasteur et ses collaborateurs. Par contre, ce fut Henle qui, s'appuyant sur les travaux d'Agostino Bassi (1773-1856), sur l'une des maladies des vers à soie, de Charles Cagniard de Latour (1777-1850) et de Theodor Schwann (1810-1892) sur les fermentations, affirma avant quiconque et de manière prémonitoire, qu'isoler un germe d'un sujet atteint de maladie infectieuse ne prouvait pas qu'il en était la cause ; pour s'en assurer, il fallait reproduire expérimentalement l'affection. Une trentaine d'années plus tard, Robert Koch

---

[80] B. Latour, « Le théâtre de la preuve », pp. 367-368, *in* : Cl. Salomon-Bayet (1986) *Pasteur et la révolution pastorienne*. Payot, Paris. Il est curieux également d'entendre parler de « l'habitude culturelle (*sic*) qui permet aux puces porteuses de peste de passer des rats qu'elles parasitent aux couvertures que portent les hommes ». A moins que, pour un lecteur non averti, cela fasse « savant » ? Pour ma part, mon « habitude culturelle » me fait penser aux hommes, en général des malheureux, à qui ces puces transmettent la peste.

reprit les mêmes principes à son compte, dans ses *« postulats »*, qui ne sont donc pas à porter au crédit de Pasteur. On peut s'étonner aussi du mélange que fait le même auteur qui paraît se référer essentiellement aux *Annales* débutantes de l'Institut Pasteur et à des numéros de la *Revue Scientifique* (comme si la Microbiologie et l'Immunologie avaient été seulement de création franco-française) entre les cultures pures, la fabrication des vaccins, les règlements d'hygiène publique et beaucoup d'autres choses qui doivent à tous les microbiologistes du dix-neuvième siècle, de tous pays ! C'est trop pour le seul Pasteur. On ne parlait pas pour rien, il y a un siècle, des écoles de Berlin et de Paris, ni des britannique, italienne, russe, roumaine, américaine, nippone, plus ou moins liées aux *« écoles-mères »*, et qui se différencièrent rapidement. Bien entendu, nul n'est à l'abri d'erreurs, mais pour les éviter, les règles sont simples : *L'expérience est-elle bien faite ? l'observation exacte ? l'hypothèse féconde ? Voilà les seules questions qui, s'agissant de la science, me paraissent être de mise*, écrivait Jean Rostand[81], en référence à Claude Bernard : *Quand le savant poursuit l'investigation scientifique en prenant pour base un système philosophique quelconque, il s'égare dans des régions trop loin de la réalité ou bien le système donne à son esprit une sorte d'assurance trompeuse et une inflexibilité qui s'accorde mal avec la liberté et la souplesse que doit toujours garder l'expérimentateur dans ses recherches*[82]. Si les disciplines dites *« humaines »* veulent accéder au rang de sciences, qu'elles apprennent à se plier à la rigueur des sciences expérimentales.

---

[81] J. Rostand (1951) *Les Grands courants de la Biologie*. Gallimard, Paris, « L'offensive des Mitchouriniens contre la Génétique mendélienne », p. 102.

[82] Cl. Bernard (1865 ; éd. 1984) *Introduction à l'étude de la Médecine expérimentale*. Champs-Flammarion.

C'est probablement dans un article atterrant, publié en 1997 dans le journal *Le Figaro*, par M. Jean Sibony, psychanalyste, professeur à l'Université de Paris VIII, à propos du livre de Sokal et Bricmont[83] et mal inspiré ce jour-là car il a écrit d'excellentes choses, que se trouve la réalité. Cet auteur écrit que, pour certains, tout est bon, notamment (les parties entre guillemets sont de lui) « jeter de la poudre aux yeux », comme Jacques Lacan[84] se servant de l'hébreu dont, paraît-il, il ignorait tout ; ou comme Lacan, Deleuze et d'autres, des Mathématiques ou de la Science en général, dont ils ne connaissaient pas un traître mot, le tout « pour passer un petit « creux » de la pensée » (*sic*), quand il y a un public « preneur » (*re-sic*), c'est-à-dire, je suppose, des clients. Bien entendu, il y en a toujours. Venant de ces intellectuels en « creux » (ou en absence ?) de pensée, s'agit-il de « postures », d'impostures, pour reprendre le titre de l'article, ou d'escroqueries intellectuelles ? Que dire aussi d'une phrase comme celle-ci, extraite du même article : « Certains auteurs n'ont aucun besoin des « maths » pour faire acte d'autorité ; je pense au fameux texte de Baudrillard *La guerre du Golfe n'aura pas lieu* : juste après la guerre a eu lieu ; qu'à cela ne tienne, un pamphlet (*La guerre du Golfe n'a pas eu lieu*[85]), l'a aussitôt remise

[83] J. Sibony (1997) Postures ou impostures. *Le Figaro*, 21 octobre 1997.

[84] J'ai connu le frère de Lacan, agrégé de Philosophie et moine bénédictin. Je tiens à rendre à sa mémoire combien il admirait son frère psychanalyste que, me dit-il un jour, il était seul à savoir comprendre, ce qui était sans doute la vérité.

[85] A. Sokal et J. Bricmont donnent un exemple du mode de « raisonnement » de ce philosophe, dont ce livre a paru en 1990 aux éditions Galilée, Paris, à propos de la guerre du Golfe, en 1991. L'auteur utilise une notion inconnue des mathématiciens et des physiciens : « l'hyperespace à réfraction multiple », et applique la notion d'espaces non euclidiens à la guerre, ce qui ne veut rien dire. Sokal et Bricmont rappellent (p. 136) ce que sont les géométries

à sa place. Et du coup a-t-elle eu lieu ou pas ? On ne sait plus qui croire. Ah ! tant pis... » Pour qui ? Pour des gogos parisiens ? C'est faire peu de cas du malheur des hommes, car les milliers de victimes et ceux qui, en Irak, meurent de faim, ont su que la guerre avait eu lieu. Le reste est, si j'ose dire, littérature. Je veux bien que l'on utilise des métaphores, même pour jeter de la poudre aux yeux, ou pour passer un « petit creux » de la pensée, les chansonniers le font bien (mais sans le même orgueil), encore faudrait-il que tout un livre n'en soit pas constitué et qu'elles veuillent dire quelque chose. « Couler de source » est une métaphore que l'on comprend facilement. Mais que dire de cet autre extrait de Deleuze et Guattari[86] : « Si l'on considère (...) le plan de consistance, on s'aperçoit qu'il est parcouru par les signes les plus hétéroclites : un fragment sémiotique voisine avec une interaction chimique, un électron percute un langage, un trou noir capte un message génétique, une cristallisation fait une passion, la guêpe et l'orchidée traversent une lettre... Ce n'est pas « comme », ce n'est pas « comme un électron », « comme une interaction », etc. Le plan de consistance est l'abolition de toute métaphore ; tout ce qui consiste est Réel. Ce sont des électrons en personne, de véritables trous noirs, des organites en réalité, d'authentiques séquences de signes. Seulement, ils sont arrachés à leurs strates, déstratifiés, décodés, déterritorialisés, et c'est cela qui permet leur voisinage et leur mutuelle pénétration dans le plan de consistance. Une

---

euclidiennes et non-euclidiennes du plan. Dans la première, pour toute droite D et tout point p n'appartenant pas à D, il existe une seule droite parallèle. Dans le cas contraire, il peut exister, selon les cas, une multitude de parallèles ou pas du tout. Les géométries non-euclidiennes ont été appliquées à la relativité générale par Einstein. Quel rapport avec la guerre ?

[86] G. Deleuze, F. Guattari, *Capitalisme et schizophrénie 2.- Mille plateaux...*, p. 89.

danse muette. ». On peut dire la même chose, un peu plus haut, de : « Des phénomènes technologiques ou culturels (peuvent) être un bon humus, une bonne soupe pour le développement des insectes, des bactéries, des microbes ou même des particules. L'âge industriel défini comme l'âge des insectes… » Et pourquoi pas celui du capitaine ? La plus grosse partie est à l'avenant. C'est le « non-sense » absolu et Pierre Dac n'aurait sans doute pas dit mieux, mais au moins avait-il de l'humour et cultivait-il sa propre dérision. L'écriture automatique par ordinateur donnerait la même chose. Ou peut-être mieux.

Alan Sokal et Jean Bricmont ont consacré leur chapitre 3 à un « Intermezzo » sur une tendance protéiforme, un « pot-pourri » d'idées souvent assez mal définies ou formulées (« Ce qui se conçoit bien s'énonce clairement », disait Boileau), dont l'examen exhaustif serait, disent-ils, une tâche impossible. Il s'agit du « relativisme cognitif », doctrine pour laquelle la validité d'une affirmation est fonction des individus ou des groupes sociaux. Autrement dit, elle dépend des gens. Après la mort de l'homme, c'est la mort de la Science, mais, que le lecteur se rassure, il y a d'autres « relativismes » ! Comme précédemment, je donnerai brièvement un ou deux exemples de cette tendance dont procèdent directement ceux qui « ont exécuté » récemment Pasteur. A ce niveau, un mot s'impose : sophisme, ou la locution : « raisonnement captieux » ; ou le qualificatif : « bouffon du roi », qui serait d'une large application, mais que les deux physiciens réservent[87] au seul Paul Feyerabend, auteur de : *Contre la méthode : esquisse d'une théorie anarchiste de la connaissance* (*Against Method*, paru en 1975 en version originale, en traduction

---

[87] Cf. A. Sokal et J. Bricmont, *Impostures…*, chapitre 3 : « Intermezzo : Le relativisme cognitif en philosophie des sciences », pp. 51-99. « Feyerabend : Tout est bon », citations : pp. 77-79.

française en 1979, au Seuil) et de *Adieu la raison* (en version originale : *Farewell to reason*, paru à Londres en 1987, traduction française au Seuil en 1989). Si Lyotard est proche des surréalistes, celui-ci a fait référence au mouvement *« Dada »*.

On ne peut rien comprendre aux *« littérateurs »* relativistes sans connaître la citation suivante de Feyerabend. Dans une certaine mesure, elle rend cet auteur sympathique parce qu'il avoue jouer un rôle et seulement un rôle (le titre de son assez étonnante autobiographie est explicite : *Tuer le temps*[88]). Il n'en est pas moins dangereux en termes de société, bien au contraire, même s'il admet ailleurs que l'on ne peut pas avancer sans règles ni critères : *Gardez toujours à l'esprit que les démonstrations et la rhétorique que j'utilise n'expriment aucune « conviction profonde » de ma part. Elles montrent seulement combien il est facile de mener les gens par le bout du nez d'une manière rationnelle. Un anarchiste est comme un agent secret qui joue le jeu de la Raison pour saper l'autorité de la Raison (la Vérité, l'Honnêteté, la Justice, et ainsi de suite)*. Cela revient à dire qu'écrire, peigner la girafe ou faire n'importe quoi, c'est la même chose. Après avoir noté à la page 332 de son *Contre la méthode*, que *L'idée que la science peut, et doit, être organisée selon des règles fixes et universelles est à la fois utopique et pernicieux*, ce qui est effectivement un remède contre le dogmatisme, l'auteur note page 333 : *Toutes les méthodologies ont leurs limites, et la seule « règle » qui survit, c'est : Tout est bon.*

On assiste ici, écrivent Sokal et Bricmont, à une inférence erronée, mais typique de l'attitude relativiste :

[88] P. Feyerabend (1994) *Ammazzando il tempo* (édition italienne) Laterza, Rome ; *Killing time* (édition américaine, 1995) The University Press, Chicago ; *Tuer le temps : une autobiographie* (édition française, 1996) Seuil, Paris.

« partant d'une constatation correcte (…), on saute à une conclusion complètement fausse ». La nage, par exemple, utilise certains mouvements coordonnés du corps, mais tous les mouvements du corps ne sont pas également efficaces pour éviter de se noyer. Il en va ainsi de toutes les méthodes, notamment scientifiques. Il faut donc distinguer entre les moyens qui mènent à la découverte et qui peuvent être très variés, et la justification des théories, qui est obligatoirement rationnelle, « même si cette rationalité ne peut être codifiée de manière définitive », ce qui est le cas général. Le problème est que Feyerabend *nie* la validité de la distinction entre la découverte et sa justification. Tout étant *« bon »*, tout est *« pareil »*, de même valeur, les sciences comme les mythes, les religions ou n'importe quelle opinion. Dans cette optique, tout est *« croyance »*, ce qui exclut les jugements de fait et même de valeurs, un jugement s'auto-réfutant par définition. Le *« programme fort »*[89], dû aux sociologues américains Barry Barnes et David Bloor (l'un de ses représentants affirmés en France est Bruno Latour, à propos de Pasteur justement) vers le milieu des années 70, semble avoir précédé ou accompagné la *« doctrine »* de Feyerabend. Les deux sont, si l'on veut, complémentaires. Ces sociologues ne s'intéressent plus seulement au contexte social de la recherche scientifique, comme ce pourrait être leur rôle, mais veulent expliquer en termes sociologiques le contenu même des théories scientifiques en leur

---

[89] Cf. David Bloor (1976) *Knowledge and Social Imagery*. Toutledge and Paul Kegan, Londres.- Barry Barnes et David Bloor (1981) Relativism, rationalism and the sociology of knowledge. *In* : *Rationality and Relativism*, éd. Martin Holler et Steven Lukes, Blackwell, Oxford, pp. 21-47. Cf. A. Sokal et J. Bricmont, *Impostures…*, chapitre 3 : « Intermezzo : Le relativisme cognitif en philosophie des sciences », pp. 83-94 (« Le « programme fort » en sociologie des sciences » et « Bruno Latour et ses règles de la méthode »).

appliquant le *« principe de symétrie »* de Bloor (*La sociologie doit rendre compte dans les mêmes termes des succès et des erreurs de la science*), si l'on peut appeler ainsi ce qui revient à dire qu'il n'y a pas de différence entre le blanc et le noir, l'utopie et la réalité, le crime et la vertu. C'est une autre version du *tout est bon* et un reste de la sociologie positiviste d'Auguste Comte et de la vieille tentation totalitaire d'asservir les sciences à la spéculation.

Les relativistes ont apparemment une conception particulière de la vérité : *Le relativiste, comme tout le monde, doit faire un tri dans ses croyances, en accepter certaines et en rejeter d'autres. Il aura naturellement des préférences et celles-ci vont en général coïncider avec celles d'autres personnes qui habitent au même endroit. Les mots « vrai » et « faux » fournissent l'idiome dans lequel ces évaluations sont exprimées, et les mots « rationnel » et « irrationnel » remplissent une fonction similaire.* Sokal et Bricmont *« illustrent »* logiquement cette proposition : *Si je considère qu'il est vrai que j'ai bu du café ce matin, je ne veux pas dire uniquement que je préfère croire que j'ai bu du café ce matin, et encore moins que « d'autres personnes qui habitent au même endroit » pensent que j'ai bu du café ce matin.* Personne, bien entendu, à commencer par Barnes et Bloor eux-mêmes, n'accepterait cette conception dans la vie courante. Mais alors, notent Sokal et Bricmont, pourquoi changer de langage quand on passe à un discours soi-disant scientifique ? Pour comprendre, il faut se reporter à la citation de Feyerabend : elle se résume en une *absence totale de convictions*, apparente bien sûr (*tout est bon*), que des scientifiques *« normaux »*, c'est-à-dire rationalistes, ne peuvent admettre, mais, en disant blanc ou noir, c'est-à-dire en adaptant son discours aux circonstances, on peut *« déstructurer »* qui on veut, ce qui est probablement le but recherché.

Une seconde caractéristique des relativistes (et des postmodernes) est leur évidente insuffisance scientifique, que remplacent la suffisance (sans jeu de mot), l'ironie, le jeu sur la confusion entre les faits et la connaissance que nous en avons, voire des *« jeux de mots »* ou un humour hasardeux, censés peut-être remplacer des connaissances absentes. Or, dans le domaine qui est le nôtre, *il ne suffit pas d'étudier les relations de pouvoir ou les alliances entre scientifiques, si importantes soient-elles. Ce qui paraît à un sociologue un simple jeu politique peut en fait être motivé par des considérations parfaitement rationnelles* (Sokal et Bricmont). Pour en juger, il faut disposer d'une connaissance appropriée de la discipline dont on veut discourir. Mais, comme précédemment, si l'on en revient à Feyerabend et à Barnes et Bloor, l'explication coule de source. Finalement, le *post-modernisme* et ce qui s'ensuit représente une galaxie d'idées (?) à la mode, dans les medias notamment (ce que l'on ne comprend pas, surtout s'il n'y a rien à comprendre, fait tellement *« plus intellectuel »*), que sous-tend le triomphe de la quotidienneté sur l'historicité. Servies par des *discours délibérément obscurs (et, par définition, interchangeables, sans état d'âme particulier) et la malhonnêteté intellectuelle qui les accompagne* (A. Sokal et J. Bricmont), elles mènent *aux différentes formes du nihilisme que Nietzsche, en les prévoyant, s'efforçait de combattre, parce qu'elles signifient la fin de la philosophie et la fin de la pensée* (D. Huisman). Certes, le constat orienté des *« post-modernes »* n'est pas toujours dénué d'exactitude, mais nous n'avons pas besoin d'aide sociologique ou autre pour apprécier les risques du mode de vie actuel. Nous savons tous que ces dangers s'accroissent avec le temps, et on ne peut nier qu'il soit utile de le redire sans cesse. Par contre, est-ce une raison de ne rien faire, de jeter la hache après la cognée ? Au lieu de se réfugier *dans les arcanes d'une réflexion ésotérique*, nihiliste, lâche et défaitiste, des intellectuels conscients ne devraient-ils pas lutter au contraire contre une tendance qui ne serait pas inéluctable, s'il existait une volonté de résistance des élites ? Il manque à ces gens le courage de sortir de leur égocentrisme et de leur confortable tour d'ivoire, et de se frotter au malheur des gens. C'est cette absence de *virtus*, dans la tradition romaine du mot, qui les a conduits à l'impasse où ils sont.

La déception provoquée par *la perte des illusions militantes* et la recherche d'une solution de remplacement est perceptible chez le sociologue Bruno Latour écrivant il y a quelques années : *Peu de gens croient donc encore à la venue de l'Age des Lumières. Mais personne ne s'est encore remis de cette déception. Ne pas y croire, c'est se sentir rejeté dans les âges obscurs. Nous sommes comme des croyants devenus sceptiques*[90]. On ne peut mieux exprimer le découragement et la désorientation politique qui, par compensation, se bouche les yeux et les oreilles devant la réalité, comme celle du communisme, par exemple. L'exemple que donne le linguiste et militant politique américain Noam Chomsky est caractéristique de cet état d'esprit. Après avoir noté un fait général[91] : *Si vous vous dites : « Voyons, il est trop difficile de traiter les véritables problèmes », il existe de nombreuses façons d'éviter de le faire. L'une d'entre elles est de poursuivre des chimères qui n'ont pas réellement d'importance. Une autre façon de faire consiste à adhérer à des cultes académiques qui sont coupés de toute réalité et qui*

---

[90] B. Latour (1984) *Les microbes. Guerre et paix. Suivi de : Irréductions*. Métailié, Paris, pp. 11-12.

[91] Cité par A. Sokal et J. Bricmont, *Impostures*… Cf. « Et la politique dans tout ça ? », pp. 198-204. Citation de Chomsky, pp.201 et 203, d'après N. Chomsky (1994) *L'an 501 : la conquête continue*. Traduit de l'américain par Christian Labarre. EPO-Ecosociété, Bruxelles-Montréal.- Première citation, pp. 163-164 du livre.

permettent de ne pas faire face au monde tel qu'il est. C'est très fréquent, y compris à gauche. Cet écrivain constate que, lors de conférences qu'il fut amené à faire en Egypte, y compris dans des instituts de recherche consacrés aux problèmes stratégiques, l'auditoire ne demandait que *« les dernières folies de la culture parisienne » : Plutôt que de* (me) *demander de parler des détails de la politique américaine ou du Moyen Orient, là où ils habitent, qui est trop sale et inintéressant, ils voulaient savoir comment la linguistique moderne fournit un nouveau paradigme du discours sur les affaires internationales, qui remplacera le texte poststructuraliste* (*sic* !). *Cela les fascinait. Mais pas ce que les archives ministérielles israéliennes démontraient concernant leur planification interne.* Conclusion de Chomsky : *Cette situation est vraiment déprimante.* Et comment.

En réalité, ce que ni Chomsky, ni Sokal et Bricmont ne voient ou ne disent peut-être assez clairement, c'est que s'attaquer à des cas concrets est difficile et peut même s'avérer dangereux s'il s'agit de problème aussi *« chauds »* que ceux du Proche-Orient, beaucoup plus en tout cas qu'ânonner des discours abscons réservés à des cercles *« élitistes »*, où l'on ne risque rien. Peut-être suis-je un mauvais esprit, certainement même. Il n'empêche que cette *« motivation »* me paraît assez évidente, simplement peut-être parce qu'après l'aventure marxiste ratée, mais limitée et sans danger des intellectuels français à l'époque soixante-huitarde, car les *Mémoires d'Ex* ont montré qu'il n'en a pas toujours été ainsi et que la terreur rouge a existé en France à une certaine période, on n'ose plus s'engager. Cependant, comme il en va de la crédibilité, du moins se le figurent-ils, de ces activistes en chambre, il faut bien s'attaquer à quelque chose de *suffisamment lié au pouvoir pour ne pas être très sympathique, mais* (de) *suffisamment faible pour constituer une cible plus ou moins accessible* (*la concentration du pouvoir et de l'argent étant hors de portée*), remarquent A. Sokal et J. Bricmont : ici encore, courageux, mais pas téméraires. Dès lors, la Science, prise dans ses aspects rationnels, quelle belle cible facile, d'autant plus que, notent encore les mêmes auteurs, *on trouve sans difficulté un grand nombre d'alliés quand on s'attaque à la rationalité en tant que telle : tous ceux, et ils sont nombreux, qui sont attachés aux superstitions, qu'elles soient traditionnelles (par exemple, l'intégrisme religieux) ou New Age. Si l'on y ajoute une confusion facile entre science et technologie, on arrive à un combat relativement populaire mais pas particulièrement progressiste.* On le verra à propos des générations spontanées, mais Claude Allègre[92] a fait le même constat pour d'autres thèmes, le plus impensable étant l'atomisme en Chimie, combattu au dix-neuvième siècle par les Eglises et par ceux que l'on attendait le moins, des chimistes reconnus, parmi lesquels Marcellin Berthelot[93] ne fut pas le moindre. Le même d'ailleurs, avec le romancier Emile Zola, Jean Jaurès et quelques autres, participa à un banquet « *républicain* », organisé en son honneur, où *« tous combattirent l'atome au nom de l'anticléricalisme ».* La tentative de retour que l'on observe actuellement à la chronologie géologique de la Genèse est du même ordre.

C'est donc à un véritable *melting pot* dogmatique, dont Claude Allègre a fait l'analyse, que s'agrègent les post-

---

[92] Cl. Allègre, *Dieu face à la science*, cf. chap. III, « La matière et l'esprit », pp. 81-116.

[93] M. Berthelot (1827-1907), professeur au Collège de France, inspecteur général de l'Enseignement Supérieur, sénateur, ministre de l'Instruction publique, puis des Affaires étrangères, membre de l'Académie de Médecine (1863), de l'Académie des Sciences (1873), de l'Académie française (1901), fut l'un des créateurs de la Chimie organique et de la Thermochimie. Il s'opposa violemment à la théorie atomique pour des raisons principalement philosophiques.

modernes de manière aussi simpliste que celle dont elles ont été proférées il y a un siècle ou parfois plus, mais alors la connaissance scientifique était dans ses premiers balbutiements. Mauvaise foi, comme tendent à le penser Sokal et Bricmont, extrême présomption, mépris de tout ce qui n'est pas eux-mêmes, de la part d'écrivains que l'absence de compétences scientifiques ne paraît pas gêner outre-mesure ? Il y a un peu de tout cela. On ne s'improvise pas savant sauf si l'on estime, comme Jacques Derrida, que tout n'est qu'écriture et rien d'autre, ou comme Feyerabend que rien n'a d'importance. On peut s'étonner en tout cas de cette désinvolture à discuter de données qu'ils maîtrisent mal, peu ou pas du tout, alors qu'en raison de l'importance tant conceptuelle que pour la vie des hommes de ces sujets, ceux-ci demandent une réflexion approfondie par des spécialistes, mais cela explique ceci. Il faut ajouter qu'un véritable esprit totalitaire les anime, dont M. Pierre-Gilles de Gennes a souligné les dangers[94]. Et peut-être aussi un mépris pour tout ce qui n'est pas leur infime *« galaxie »*, ou pour l'homme lui-même.

En affirmant la mort des Lumières, les post-modernes se sont faits involontairement les alliés objectifs de pouvoirs qu'en principe ils combattent, ce que Noam Chomsky traduit ainsi : (Certains intellectuels de gauche) *cherchèrent à compenser le caractère de classe des institutions culturelles par des programmes d'éducation des ouvriers ou par des ouvrages de vulgarisation* (…) *Il est remarquable de constater qu'aujourd'hui leurs héritiers de gauche cherchent souvent à priver les travailleurs de ces instruments d'émancipation, nous informant que le « projet des Encyclopédistes »* (c'est exactement le sens de la citation de Bruno Latour) *est*

---

[94] P. G. de Gennes (1997) A propos des excès religieux ou scientistes. Dieu, Allègre et la science. *Le Figaro*, 28 octobre 1997.

mort, que nous devons abandonner les « illusions » de la science et de la rationalité - un message qui réjouira le cœur des puissants, ravis de monopoliser ces instruments pour leur propre usage[95]. On peut discuter de ce point de vue sur le plan français et l'éducation populaire. De fait, les mécanismes invoqués jouèrent certainement un rôle dans notre pays, mais je crois plutôt que l'école de Jules Ferry fut la première à y avoir magnifiquement pourvu à la fin du dix-neuvième siècle, voire même déjà avant, en gros à partir de la moitié du siècle, c'est-à-dire celle de Guizot, car ceux que l'on n'appelait pas encore les *hussards de la République* faisaient déjà un travail considérable. Je le sais sur le plan familial. Suivant Pasteur d'une dizaine d'années dans les collèges bisontins, mon arrière-grand-père Richard Vuillecard, après être arrivé aux premiers rangs de sa classe de préparation aux concours scientifiques de l'époque, n'en passa aucun et choisit délibérément de se consacrer comme instituteur à l'instruction des enfants des campagnes. Il ne fut certainement pas le seul. Il faut ajouter que la plupart des acteurs de l'éducation populaire d'il y a un siècle et plus, étaient des hommes des Lumières, Richard Vuillecard autant que Louis Pasteur. L'un et l'autre en ont témoigné par écrit. Sur un plan général et à ces détails près, l'opinion de Chomsky traduit donc la réalité.

C'est là que Pasteur paraît. Pourquoi ce savant fut-il choisi comme *animal de choix*, selon le mot de Pierre Thuillier[96], pour tester *les vues radicales et meurtrières* des post-modernes ? Au terme de cette brève analyse, on peut estimer que Pasteur constituait la cible idéale, par sa

---

[95] N. Chomsky, *L'an 501...*, pp. 325-326 (d'après Sokal et Bricmont, *l.c.*).

[96] Cf. P. Thuillier (1988) *D'Archimède à Einstein. Les faces cachées de l'invention scientifique.* Fayard, Paris, « La science existe-t-elle ? Le cas Pasteur », pp. 281-300.

personnalité mi-balzacienne mi-personnage de Labiche, sa carrière réussie, son aura mondiale et sa filiation avec les Lumières. Ajoutons, ce qui ne gâte rien, qu'il est mort depuis plus d'un siècle. Il n'y a donc rien à craindre de ce côté-là. Enfin et surtout, certains de ses travaux, sur les générations spontanées notamment, portaient sur des sujets qui ont permis, à tort ou plus exactement si on les considère avec une idée préconçue et en dehors de tout contexte scientifique, de faire resservir des mythes scientistes, anticléricaux ou autres, que l'on croyait révolus tant ils sont ringards. Or, ces élucubrations, qui ont fait les beaux jours des discours anticalotins de la fin du siècle dernier, se retrouvent dans la panoplie post-moderne, dont l'inspiration est décidément courte. Pasteur était le *« candidat »* idéal pour être démoli.

La liberté du savant

Les premiers travaux de Pasteur ont porté sur la cristallographie, les derniers sur la vaccination non jennérienne dont il a été l'inventeur, en passant par des recherches fondamentales sur les fermentations, les maladies des vins, des vers à soie et de la bière. Il suivit ainsi un fil directeur qui le fit passer de l'inorganique au vivant. Il fut donc obligé à un moment donné de se demander si les ferments, qu'il vit d'abord à l'œuvre dans les fermentations, étaient ou non des êtres vivants préexistants.

L'idée d'une génération spontanée des êtres vivants fut fondée dès l'Antiquité sur de nombreuses observations d'apparition de ces êtres dans des conditions non expliquées. Les Anciens n'expérimentèrent pas, ni plus tard leurs successeurs, mais ils édifièrent une théorie qui fut admise sans discussion jusqu'au milieu du dix-septième siècle. A cette époque, l'Italien Redi expérimenta pour la première fois et démontra l'origine des asticots sur les viandes abandonnées. La théorie des générations dites spontanées en fut fortement ébranlée. Néanmoins, Buffon, puis Lamarck *« modernisèrent »*, si l'on ose dire, cette idée sans apporter aucune preuve expérimentale. Il faut préciser que n'étaient plus alors en cause, approximativement, que les *« animalcules »* (ce que nous appelons les microorganismes), dont le Flamand Antoni Van Leeuwenhoek avait décelé l'existence à la fin du dix-septième siècle et pour l'étude desquels les savants étaient encore très dépourvus de méthodes. Cependant, vers 1770, l'Italien Spallanzani avait apporté les premiers éléments de réponse. A cette époque, croyants et incroyants, ceux-ci à la suite des Lumières, s'emparèrent de la question : pour les premiers, l'absence de générations spontanées dans la nature actuelle était la preuve de l'immanence divine ; pour les seconds, l'existence de prétendues générations spontanées d'animalcules prouvait le contraire. Le centre de gravité du débat était donc revenu au philosophique et au religieux, après l'avoir quitté à la fin du dix-septième siècle.

Ce fut dans ce contexte que Pasteur s'intéressa à cette théorie des générations dites spontanées, et ce fut à cette occasion qu'il exposa le mieux et pour la première fois en ce qui le concernait, le primat de l'expérience sur la théorie. Rappelons avec Claude Bernard que l'observation est *ce qui montre les faits, et l'expérience ce qui instruit sur les faits et ce qui donne de l'expérience par rapport à une chose*. L'expérimentation a pour point de départ une observation, une hypothèse ou une théorie. Dans la Science, l'expérimentation fut longtemps le propre des physiciens. Ainsi, Pascal expérimenta au haut de la tour Saint-Jacques à Paris, puis au sommet du Puy de Dôme en Auvergne, contre ceux qui soutenaient *que « la nature avait horreur du vide »*. Au contraire, les naturalistes se contentaient d'observer et… d'élaborer des théories qu'ils ne contrôlaient pas. Certes, comme on l'a dit, Redi expérimenta vers la même époque que Pascal, Joblot, Needham, Spallanzani plus tard, mais ces démarches étaient exceptionnelles en Biologie. Or, *dans les sciences dites d'observation, l'illusion est si facile, quand on ne s'appuie que sur l'observation* ! (L. Pasteur, avec la collaboration de MM. Joubert et Chamberland, 1878, Comptes rendus de l'Académie des Sciences, séance du 29 avril 1878, LXXXVI, pp. 1037-1043.- Œuvres, VI, p. 128). C'est ce qui explique le grand nombre de théories fantaisistes qui tinrent le haut du pavé à certaines époques, particulièrement au dix-huitième siècle, celle des générations dites spontanées qui bénéficia du soutien de la "science officielle", avec Buffon.

Or, les théories doivent être soumises au contrôle de l'expérience, sinon elles risquent de maintenir la Science en dehors de la vérité : *C'est le propre des théories vraies de conduire logiquement à des déductions que l'expérience n'a qu'à contrôler* (L. Pasteur, 1872, Comptes rendus de l'Académie des Sciences, séance du 2 décembre 1872, LXXV, p. 1462.- Œuvres, II, p. 412). Encore faut-il appliquer avec l'objectivé la plus totale la condition suivante ; Claude Bernard écrit en effet : *Quand le fait qu'on rencontre est en opposition avec une théorie régnante, il faut accepter le fait et abandonner la théorie, lors même que celle-ci, soutenue par de grands noms, est généralement adoptée* (Introduction à l'étude de la Médecine expérimentale, troisième partie : « Applications de la méthode expérimentale à l'étude des phénomènes de la vie », éd. 1984, coll. Champs-Flammarion, p. 230).

Le physiologiste complète sa pensée un peu plus loin (p. 231) : *Les théories ne sont que des hypothèses vérifiées par un nombre plus ou moins considérable de faits ; celles qui sont vérifiées par le plus grand nombre de faits sont les meilleures ; mais encore ne sont-elles jamais définitives et ne doit-on jamais y croire d'une manière absolue*. C'est précisément l'accumulation de faits, dont les conditions expérimentales d'apparition furent vérifiées avec le plus de soin possible, compte tenu des moyens techniques de l'époque (les démonstrations opposées furent toutes entachées de fautes expérimentales), qui, à partir de 1860 environ, firent le succès de Pasteur dans la solution de la question des générations dites spontanées. Inversement, plus tard, l'attachement dogmatique de certains de ses successeurs à ses conclusions entrava pendant assez longtemps les progrès des travaux sur l'origine de la vie et l'exobiologie.

En effet, l'expérience doit être libre de tout préjugé dogmatique ou métaphysique, ce que Marcellin Berthelot a exprimé de la manière suivante en 1895 *: La méthode expérimentale consiste à tirer toute connaissance exacte de l'observation et de l'expérience, en écartant le mystère des révélations*, dans le contexte d'un soutien lui-même dogmatique au scientisme antireligieux ambiant (M. Berthelot, 4 avril 1895, « Commémoration du banquet Berthelot », publié par les soins du Collège du Grand Orient de France, Suprême Conseil pour la France et les Possessions françaises, 16, rue Cadet, Paris, août 1895, p. 22). Le principe avait été posé par Claude Bernard : *L'idée doit toujours rester indépendante, et il ne faut point l'enchaîner, pas plus par des croyances scientifiques que par des croyances idéologiques philosophiques ou religieuses* (id., p. 73).

Pasteur passa à l'application pratique de ce principe à propos du thème privilégié des générations dites spontanées : *Il n'y a ici ni religion, ni philosophie, ni athéisme, ni spiritualisme qui tienne. Je pourrai même ajouter : comme savant peut m'importe. C'est une question de fait : je l'ai abordée sans idée préconçue, aussi prêt à déclarer, si l'expérience m'en avait imposé l'aveu, qu'il existe des générations spontanées* (L. Pasteur, 1864, Des générations spontanées, conférence faite aux « Soirées scientifiques de la Sorbonne », le 7 avril 1864, Revue des cours scientifiques, 23 avril 1864, I, 1863-1864, pp. 257-265.- Œuvres, II, p. 334). Il répondait, en miroir à Claude Bernard écrivant : *L'esprit humain, aux diverses périodes de son évolution, a passé successivement par le sentiment, la raison et l'expérience. D'abord le sentiment, seul s'imposant à la raison, créa les vérités de la foi, c'est-à-dire la théologie. La raison ou la philosophie, devenant ensuite la maîtresse, enfanta la scolastique. Enfin, l'expérience, c'est-à-dire l'étude des phénomènes naturels, apprit à l'homme que les vérités du monde extérieur ne se trouvent formulées de prime abord ni dans le sentiment ni dans la raison. Ce sont seulement nos guides indispensables ; mais, pour obtenir ces vérités, il faut nécessairement descendre dans la vérité objective des choses où elles se trouvent cachées avec leur forme phénoménale. C'est ainsi qu'apparut par le progrès naturel des choses la méthode expérimentale qui résume tout et qui (...) s'appuie successivement sur les trois branches de ce trépied immuable : le sentiment, la raison et l'expérience. Dans la recherche de la vérité, au moyen de cette méthode, le sentiment a toujours l'initiative, il engendre l'idée a priori ou l'intuition ; la raison ou le raisonnement développe ensuite l'idée et déduit ses conséquences logiques. Mais si le sentiment doit être éclairé par les lumières de la raison, la raison à son tour doit être guidée par l'expérience* (id., pp. 60-61), qui *est une observation provoquée dans le but de faire naître l'idée* (*id.*, p. 51).

Révolution scientifique

A la question : que fit Pasteur de plus marquant dans sa vie, on répond généralement: la vaccination contre la rage. C'est en effet l'idée que le grand nombre conserve de lui. Or, en 1885, au moment où l'on vaccina le jeune Joseph Meister, le savant, à soixante-deux ans passés, était au faîte de sa carrière[1], après quarante ans de vie scientifique. La vaccination antirabique n'était d'ailleurs qu'une application, et non la première, d'un principe posé une centaine d'années plus tôt par l'anglais Edward Jenner : elle n'avait donc pas une grande importance scientifique. La vaccination jennérienne protège contre la variole, maladie virale beaucoup plus redoutable que la rage parce qu'éminemment contagieuse, par l'inoculation du virus vivant non atténué d'une maladie voisine, peu contagieuse et rarement dangereuse. Le principe de la vaccination pasteurienne, qui fut établi à partir de 1879 par Chamberland et Pasteur à propos du choléra des poules, consiste au contraire à injecter à l'animal ou à l'homme, l'agent de la maladie que l'on veut combattre ou l'un de ses produits, dont on a atténué la virulence ou la toxicité. Dans les deux cas, les mécanismes de protection immunologique de l'individu sont mis en œuvre, mais la méthode pasteurienne eut l'avantage d'élargir le champ d'application des vaccinations, sans le rendre universel bien entendu, car toute généralisation est impossible en

[1] Sur la rage, voir le magnifique ouvrage : *Pasteur et la rage*, très illustré (noir et couleurs), toujours d'actualité, édité en 1985 sous la direction du docteur R. Rosset, par les Informations Techniques des services Vétérinaires, 175, rue du Chevaleret, 75646 Paris Cedex 13.

Biologie. Le principe de la vaccination pasteurienne fut d'abord appliqué en 1881 à la prophylaxie d'une maladie bactérienne : le charbon bactéridien, puis en 1885 à celle d'une maladie virale : la rage, troisième ou quatrième application d'un principe connu. Il en résulta le développement de l'immunologie moderne. Je passe sous silence des essais moins aboutis effectués un peu plus tôt par d'autres auteurs, mais dont les données furent intégrées dans la réflexion de l'équipe de Pasteur, selon le processus habituel de la recherche.

Si l'importance scientifique de la vaccination antirabique fut relative, son choix releva par contre d'une stratégie habile. Depuis plusieurs décennies déjà, grâce notamment aux travaux de Pasteur sur les générations prétendues spontanées, la "théorie des germes" s'implantait, mais avec lenteur en raison de la résistance des tenants de la Médecine traditionnelle, pourtant incapables de lutter contre les infections. Le scepticisme médical avait plusieurs sources : le dogmatisme de certains, la prudence des autres, le fait que les résultats venaient lentement. On aurait pourtant dû savoir que les choses ne pouvaient pas changer du jour au lendemain, mais les populations attendent toujours des résultats rapides, voire des miracles, en Médecine comme ailleurs : l'impatience actuelle devant le sida en est un exemple, même si les savants font de leur mieux avec des moyens évidemment beaucoup plus considérables que du temps de Pasteur et à la mesure de la gravité et de la complexité du problème. Malheureusement, les miracles sont rarement possibles en la matière et les délais pour obtenir des résultats significatifs souvent longs. Pour convaincre, il fallait frapper les esprits avec un coup de publicité, presque de bluff. Rien à voir avec une guerre ! Emile Duclaux a expliqué les raisons de ce choix[2] : "On ne peut

---

[2] E. Duclaux (1896) *Pasteur. Histoire d'un esprit*. Sceaux, p. 363-364.

méconnaître qu'à ce point de vue (amener la confiance publique), la rage était bien choisie. Elle n'a, au fond, aucune importance, sinon de manière accidentelle. La mortalité qu'elle amène est minime. On peut s'en préserver par de simples mesures de police", c'est-à-dire prophylactiques ; c'était d'ailleurs déjà le cas en Allemagne en 1885. Mais, ajoutait Duclaux, "la rage plane sur l'imagination. Elle évoque des visions de légende, de malades furieux, inspirant la terreur à leur entourage, attachés et hurlant, ou bien asphyxiés entre deux matelas". Or, "la réalité est bien plus simple et bien plus calme, et peu de morts sont plus douces que certaines morts rabiques. Mais il était plus facile de prévoir qu'une grande victoire contre la rage n'en compterait pas moins pour une grande victoire". C'était risqué aussi, mais, en cas de résultats positifs, quelles perspectives dans le cadre de la lutte d'ensemble contre les maladies infectieuses : on pouvait espérer convaincre plus facilement les gens ! Le résultat fut conforme aux prévisions parce que Pasteur avait un projet, une méthode et une équipe, au contraire de ses concurrents. Voilà pourquoi dans l'imaginaire populaire, il est resté l'homme qui vainquit la rage.

Reste que, du point de vue scientifique, la vaccination contre cette maladie apparaît comme l'un des aboutissements seulement, et pas le plus important, d'une longue évolution qui remontait à Hippocrate et Aristote et dans laquelle la Microbiologie trouva son point de départ. Toute avancée scientifique postule au préalable des hypothèses que l'on cherche à vérifier. Ensuite, une nouvelle théorie apparaît. Ici, la théorie de départ fut celle de la génération prétendue spontanée des organismes inférieurs dont on pensait depuis Aristote qu'ils pouvaient naître d'autre chose que de leurs semblables[3]. Pendant

[3] Cf. la plupart des références bibliographiques sur les prédécesseurs de Pasteur dans : L. Pasteur (1862) Mémoires sur les corpuscules

toute l'Antiquité, le Moyen-Age et jusqu'au dix-septième siècle, on y a cru. Puis, après les observations de Redi sur la génération des asticots, après aussi de nombreux autres naturalistes, la question ne se posa guère que pour l'origine des "animalcules" qu'un hollandais de Delft, amateur de microscopes (des instruments rudimentaires de son époque), nommé Antoni Van Leeuwenhoek[4] fut le premier à observer et à dessiner à partir de 1668. Il fut suivi en France par Louis Joblot (1645-1722), qui inventa le mot "microscopique". Ils voyaient dans les liquides organiques des bâtonnets qui "infléchissaient leur corps en se déplaçant" (Leeuwenhoek : c'étaient des vibrions), de "petits poissons" ou des "cornemuses argentées" (Joblot) ou encore de "petites anguilles" (l'anglais Needham : d'où le surnom de "jésuite anguillard" que lui donna Voltaire).

Mais une question se posait : ces animalcules étaient-ils de vrais êtres vivants ? Avec sa théorie des molécules organiques (après la mort, les molécules organiques seraient capables d'agir comme "une semence universelle" et de produire des "atomes mouvants", susceptibles de donner ensuite des êtres vivants d'ordre inférieur : les animalcules), Buffon[5], qui n'expérimenta jamais, pensait

---

organisés qui existent dans l'atmosphère. Examen de la doctrine des générations spontanées. *Œuvres*, II, pp. 210-294, et dans : R. Moreau (1982) Les expériences de Pasteur sur les générations spontanées. Le point de vue d'un microbiologiste. 1ère partie : la fin d'un mythe. *C.R. Acad. Sci. Paris, Série générale, La Vie des Sciences*, 9, 1992, 3, pp. 331-360- 2ème partie : les conséquences. *Id.*, 9, 1992, pp. 287-321.

[4] Sur A. Van Leeuwenkoek (1632-1723), considéré comme "l'inventeur du microscope" et qui fut plus sûrement le premier à observer et à dessiner des microbes, je conseille la lecture de l'excellent ouvrage de Philippe Boutibonnes (1994) *Van Leeuwenhoek. L'exercice du regard.* Coll. Un savant, une époque, Belin, Paris.

[5] Georges Louis Leclerc, comte de Buffon (1707-1788), naturaliste et écrivain français. Intendant du Jardin du Roi (futur Muséum

que non, et comme il représentait la science officielle, rien ne se passa en France jusqu'au dix-neuvième siècle. Par contre, en Italie, Lazzaro Spallanzani[6], qui travaillait en relation avec Charles Bonnet[7] et Horace-Bénédict de Saussure[8], tous deux à Genève, démontra à la faveur d'une controverse avec l'anglais John Tuberville Needham (1713-1781), soutenu évidemment par Buffon, l'existence dans l'air d'êtres organisés vivants. Pour Needham, ces êtres n'existaient point et seule l'hétérogénie, c'est-à-dire la théorie des générations spontanées, pouvait expliquer leur apparition dans des liquides organiques. Afin de soutenir son point de vue, il imagina des expériences comme celle-ci : il enfermait du jus chaud de viande de mouton dans des fioles qu'il croyait boucher avec soin. Puis, pour tuer les organismes éventuellement présents dans le jus ou dans l'air du flacon, il tenait ses récipients dans des cendres chaudes pendant trente minutes. Après

d'Histoire Naturelle). Auteur de l'*Histoire naturelle* (36 vol.). Acad. des Sciences : 1733. Académie française : 1753.

[6] L. Spallanzani (1729-1799) enseigna les Lettres à Reggio Emilia, la Physique à Modène, les Sciences Naturelles à Pavie. Il fonda la Microbiologie en démontrant les erreurs expérimentales de l'anglais Needham et en prouvant l'inexistence des générations spontanées "d'animalcules" (microbes). Il pratiqua les premières expériences d'écophysiologie microbienne et créa le mot "germe" pour désigner les microorganismes.

[7] Charles Bonnet (1720-1793) Philosophe et naturaliste genevois, dont l'œuvre est considérable. Scientifique rigoureux, il découvrit à vingt ans la parthénogénèse (reproduction asexuée) des pucerons. Auteur des *Considérations sur les corps organisés* et de la *Palingénésie philosophique*, ouvrage dans lequel il appliqua la loi de continuité, énoncée par Leibnitz. Lire aussi ses *Mémoires autobiographiques,* publiés par Raymond Savioz (Vrin, Paris, 1948). Académie des Sciences : 1740.

[8] H.B. de Saussure (1740-1799). Naturaliste et physicien suisse. Il réalisa l'hygromètre à cheveu et posa les principes de la Météorologie moderne. Il réalisa la seconde ascension au sommet du Mont-Blanc. Académie des Sciences : 1787.

plusieurs jours de conservation à la température ordinaire de l'été et malgré ce traitement, le liquide se remplissait d'êtres microscopiques. Persuadé que le chauffage avait tué tous les organismes préexistants, alors qu'en réalité il avait été insuffisant, Needham expliquait la présence des nouvelles populations par l'effet d'une génération spontanée. Sa conclusion était erronée, mais son expérience allait être reprise jusque vers 1870 : "Rendons, sur ce point, hommage à l'Anguillard, écrit J. Rostand[9] : nous lui devons la technique par laquelle ses propres affirmations devaient être ruinées", par Lazzaro Spallanzani d'abord, par Pasteur ensuite. Spallanzani refit les expérimentations de Needham en y apportant beaucoup plus de soin. Montrant que son compétiteur n'avait pas scellé correctement, ni chauffé suffisamment ses flacons et que de l'air, donc des poussières, passaient, il obtint des résultats opposés et conclut que la naissance des animalcules était due à la présence de leurs germes dans l'infusion avant ébullition, ou bien qu'ils y avaient été véhiculés par l'air extérieur, d'où cette phrase : "Je ne vois pas qu'il soit possible d'attribuer la naissance des animalcules à autre chose qu'à de petits œufs, ou à des semences, ou à des corpuscules préorganisés, que je veux appeler et que j'appellerai désormais du nom générique de germes." Ce nom leur resta. Il faut souligner que les succès de Spallanzani, qui ébranlèrent fortement la théorie de la génération spontanée des animalcules, étaient dus à une technique plus rigoureuse que celle de son contradicteur. C'est ce qui fit aussi la force de Pasteur lorsqu'un siècle plus tard, il donna une éclatante confirmation des travaux de l'Italien, dont il fit peindre le portrait en 1888, afin de l'avoir près de lui dans son cabinet de travail.

---

[9] J. Rostand (1970) *Le courrier d'un biologiste.* NRF, Paris, p. 173.

Spallanzani et ses amis genevois furent donc les véritables fondateurs de la microbiologie. Ils mirent au point une méthode d'isolement des animalcules, mesurèrent des temps de doublement de bactéries, ensemencèrent des champignons microscopiques, réalisèrent les premières expériences d'écophysiologie microbienne et étudièrent la sensibilité des microorganismes au chauffage, question que Pasteur négligea jusqu'à sa controverse avec l'anglais Bastian. De ces expériences, date ce que j'ai appelé la première naissance de la microbiologie. Toutefois, l'événement resta sans suite parce que les esprits n'étaient pas préparés et que les concepts étaient absents : on raisonnait seulement dans le cadre de l'esprit philosophique des Lumières. Néanmoins, un épicier parisien, Nicolas Appert, s'inspira, dit-on, des méthodes de l'italien pour créer "l'appertisation", c'est-à-dire la stérilisation des aliments dans des récipients fermés, autrement dit, la conserverie[10]. On était en 1810-1815 environ. Récemment, un historien d'Appert, Jean-Paul Barbier[11] a penché pour une invention de l'épicier et cuisinier seul, ce qui est possible aussi : souvent, les idées sont "dans l'air" un certain temps, comme l'on dit.

La suite fut simple. Les naturalistes et les chimistes de la première moitié du dix-neuvième siècle, puis Pasteur ensuite, "répétèrent avec de nouvelles précautions" ce que leurs prédécesseurs avaient fait. Quant à Pasteur, il eut le

---

[10] N. Appert (1752-1841) Brasseur, confiseur, distillateur, cuisinier, Appert s'inspira des travaux de Spallanzani pour conserver des aliments, qu'il chercha à industrialiser. Auteur de l'ouvrage : "*L'Art de conserver, pendant plusieurs années, toutes les substances animales et végétales*", paru en 1810.

[11] J.P. Barbier (1994) *Nicolas Appert, inventeur et humaniste*. Roye, Saga Sciences. On lira aussi la biographie, de présentation un peu romancée, de Rosemonde Pujol (1985) *Nicolas Appert, l'inventeur de la conserve*. Denoël, Paris.

mérite immense de "former continuité" à partir des "chaînes séparées", comme disait Lavoisier (cf. plus bas), préparées par les différents auteurs qui l'avaient précédé. Les véritables novateurs en matière scientifique sont d'ailleurs rares : Newton, Einstein, Louis de Broglie en furent. On les trouve dans les sciences “dures”, pas en biologie. Au contraire, l'œuvre de Pasteur s'insère de manière parfaite dans la progression des connaissances depuis la fin du dix-septième siècle. Il le revendiquait d'ailleurs ; pour s'en rendre compte, il suffit de considérer la bibliographie toujours très complète de ses articles et ouvrages : rarement une œuvre scientifique fut en telle continuité avec celle de ses prédécesseurs. Finalement, son rôle fut comparable à celui de l'ouvrier qui place la dernière pierre d'une voûte. Sous l'influence certaine de Jean-Baptiste Biot, il découvrit les isomères optiques et comprit que la vie ne donnait que des composés actifs sur la lumière polarisée. Nommé à Lille, il étudia diverses fermentations, dont celle lactique dont, justement, le produit était actif sur la lumière polarisée. Pasteur en déduisit que l'agent figuré qui était apparemment responsable de cette fermentation, était un être vivant. Mais quelle était son origine ? Spontanée ou non ? Reprenant pour l'essentiel les techniques de ses prédécesseurs, depuis Needham et Spallanzani, jusqu'aux plus proches, notamment ceux de Charles Cagniard de Latour (1777-1850) et de l'allemand Theodor Schwann (1810-1892), mais avec plus de rigueur et surtout plus de méthode que ses compétiteurs, il démontra définitivement que des germes préexistaient dans l'atmosphère, ouvrant ainsi la boîte de Pandore. D'approximation en approximation, naquit ainsi une seconde fois, et définitivement, la Microbiologie qui, pour autant, ne sortit pas toute armée de la tête de Pasteur comme Minerve du crâne de Jupiter, loin de là. Ce faisant, notre compatriote ne fut pas un révolutionnaire, mais un savant de haute qualité. Simplement, à ce niveau-là, on fait généralement des découvertes qui font avancer la Science et rompent plus ou moins avec la situation ancienne. En fait, si rupture il y eut, ce fut sur deux siècles ! En l'espèce, la filiation scientifique de Pasteur avec les savants du dix-huitième siècle était directe. Une séquence analogue pourrait être décrite pour tous les savants de cette époque : quoi de plus naturel pour des gens nés dans les premières décennies du dix-neuvième siècle ? La seule discontinuité apparente imputable à Pasteur pourrait résider dans le fait que, chimiste, il travailla bientôt exclusivement dans le domaine biologique ; il faut préciser cependant que les sciences de la vie ne remplacèrent jamais totalement la chimie dans ses préoccupations et dans son cœur. Mais on doit noter aussi que l'interpénétration des disciplines était encore si complète et si harmonieuse à l'époque dorée pour la Science que fut le milieu du dix-neuvième siècle, que cette discontinuité n'est que formelle. Par contre, Pasteur innova en introduisant dans les sciences biologiques de son époque, mais en même temps que Claude Bernard, une méthode et un mode de raisonnement plus rigoureux, alors inconnus. Scientifiquement parlant, il est donc erroné de parler de "révolution pasteurienne".

Au reste, la lecture des ouvrages de microbiologie qui, très tôt, commencèrent à paraître, montre une floraison de travaux dans tous les pays européens d'abord, et pas seulement en France, évidemment, puis dans le monde entier. L'un des premiers ouvrages parus (1878), rapidement traduit en américain, fut la thèse d'agrégation du docteur Antoine Magnin, alors en poste à la Faculté de Médecine de Lyon : *Les bactéries*. Sa bibliographie est vraisemblablement exhaustive, quand on connaît la méticulosité de Magnin en ce domaine. Le nom de Pasteur y apparaît à sa place, c'est-à-dire relativement rarement par rapport aux précédents, en particulier entre 1870 et 1878. Dans cet ouvrage et dans ceux qui parurent ensuite, la majeure partie des articles cités étaient en allemand, anglais, espagnol, italien, norvégien (Hansen), puis en russe, japonais (Kitasato), etc. Par contre, dans la préface française de l'ouvrage de C. Pflügge (*Les Microorganismes*, traduction française: 1887), le Dr. Ch. Firket, un belge, parle des "travaux de Pasteur (qui) ont depuis longtemps stimulé l'intérêt qui s'attache à ces études" : il était donc reconnu que Pasteur avait eu un rôle d'initiateur ou de synthèse, et que tous étaient complémentaires. Rapidement, le débat devint mondial comme je l'ai déjà dit. Dans cet extraordinaire développement, les hygiénistes (Magnin, Pflügge, et bien d'autres) furent les premiers bactériologistes, car ils étaient en première ligne des épidémies et depuis longtemps déjà, ils accumulaient observations et hypothèses, avec parfois une prescience aussi étonnante que celle de Pasteur. Ce fut le cas de Jacob Gustav Friedrich Henle (1809-1885) qui, dès 1840, établit les bases théoriques de l'étude expérimentale des agents pathogènes, responsables des maladies infectieuses, alors que l'on ne parlait encore que de miasmes et que l'on ne pensait évidemment pas à isoler et cultiver ces "agents". Citant les travaux d'Agostino Bassi (1773-1856) sur l'une des maladies des vers à soie, et ceux de Cagniard de Latour et de Schwann sur les fermentations, Henle affirma de façon prémonitoire que le fait d'isoler un germe d'un homme malade de maladie infectieuse pouvait être un fait accidentel, et que pour évaluer si ce germe était le véritable agent responsable de la maladie il fallait l'inoculer à nouveau et reproduire expérimentalement l'infection.

Dans un style assez lointain de la réalité scientifique : "Pastoriser une maladie n'est pas une chose facile. Il faut comme la coucher le long d'un arc dont toutes les étapes doivent être accomplies successivement", et sans doute en vertu du principe qui veut que l'on ne prête qu'aux riches, B. Latour[12] attribue à Pasteur, sous le nom de "Blitzkrieg", les principes de Henle, comme si Pasteur était le seul "animal de choix" en la matière, en les mélangeant avec la nécessité des cultures pures, la fabrication des vaccins et même les règlements d'hygiène publique. C'est beaucoup pour le seul Pasteur. En tout cas, si guerre il y eut contre l'infection, elle fut mondiale et Pasteur y eut sa part comme tous, mais où sont le guerrier et le dictateur ? Tout revient à une sorte de dénigrement franco-français totalement étranger à la réalité des choses.

Pour s'implanter, c'est-à-dire pour apporter aux gens un mieux dans leur vie, la théorie des germes eut beaucoup plus de difficultés qu'on ne le dit et elle en a toujours : il suffit de regarder du côté de certains "naturopathes" militants. Quand une découverte est acquise, il ne faut pas croire en effet qu'elle passe facilement dans la pratique courante et dans les mœurs ; aucun raisonnement sociologique postérieur n'y peut mais. Prenons l'exemple des fièvres typhoïdes qui emportèrent deux des filles de Pasteur et l'une de ses belles-sœurs[13]. En 1880, le biologiste allemand Karl Joseph Eberth (1835-

---

[12] B. Latour: "Le théâtre de la preuve", pp. 367-368, in : Cl. Salomon-Bayet (1986) Pasteur et la révolution pastorienne. Payot, Paris.

[13] Cf. R. Moreau (1983) Aspects actuels de la pollution occasionnelle ou volontaire des eaux souterraines. Hydrographica, n° spécial : Journées d'Etudes des Milieux Karstiques. Bruxelles, pp. 1-34. Anne-Claire Moreau (1991) Complications néphrologiques de la fièvre typhoïde. Th. Méd. Paris VII. Cf. également : E. Duclaux (1898) *Traité de Microbiologie.* **I** : *Microbiologie générale.* Masson, Paris, et : A. Magnin (1902) Notes rétrospectives sur l'hydrographie souterraine, les sources vauclusiennes, les eaux d'alimentation dans leurs rapports avec les épidémies de fièvre typhoïde. Bull. Soc. Hist. Nat. Doubs, séance du 6 février 1902, 32 pp.

1926) trouva l'agent du "*typhus abdominalis*", au moment où Pasteur commençait ses expériences de vaccination contre le charbon bactéridien. Vaccination contre la rage ou non, la découverte du bacille d'Eberth n'empêcha pas la continuation des épidémies et ce, pendant longtemps puisque, dans nos régions avancées économiquement, elles ne cédèrent qu'après la dernière guerre grâce à l'arrivée d'un antibiotique, le chroramphénicol. Auparavant, les hygiénistes, qui connaissaient depuis 1850 au moins, le rôle de l'eau dans la transmission des maladies entériques, avaient proposé une prophylaxie destinée à limiter les ravages de la maladie. Leur tâche ne fut pas facile, car ils se heurtèrent à des opposants qui contestaient le rôle des bactéries dans ces infections, sans parler de l'incivisme habituel de certains citoyens et de divers élus. Finalement, il fallut à peu près une vie d'homme pour aboutir à une éradication à peu près complète de la maladie dans un pays comme le nôtre, mais… l'hépatite virale a largement pris le relais depuis, souvent par centaines de cas dans un même endroit (eau, coquillages pollués, etc…), les mêmes causes, c'est-à-dire une pollution incontrôlée, produisant les mêmes effets. De plus, la maladie continue à sévir dans tous les pays du Tiers-Monde et n'est pas près d'en être éradiquée : ramener le problème à un niveau hexagonal serait donc excessivement réducteur. En tout cas, aucun coup de tonnerre n'intervint dans le "ciel" des maladies entériques pour les éradiquer au moment où éclata une prétendue "révolution pasteurienne" : si "pouvoir" médical il y avait, il fut sans action sur le manque d'hygiène, pas plus que sur le respect des règles prophylactiques pourtant décidées par la loi Martel dès le début du vingtième siècle. Par contre, cette mesure législative devait tout à la spéléologie naissante. Dans les grottes jurassiennes, se retrouvaient des jeunes gens enthousiastes, géologues, médecins, microbiologistes débutants, scientifiques, amateurs divers, groupés sous la houlette du professeur Ernest Fournier, de la Faculté des Sciences de Besançon : ce furent eux et personne d'autre qui, confrontés à la saleté des grottes qu'ils exploraient, militèrent pour une politique de l'eau. Parlons donc d'évolution, guidée par les savants, mais aussi d'initiative populaire, comme ici ; pas de révolution. A ce sujet, on fait habituellement référence à un texte de Lavoisier qui parle de son projet *d'occasionner une révolution en physique et en chimie*[14]. En réalité, le créateur de la chimie moderne n'a pas parlé de changement brutal, mais d'une nouvelle évolution : une re-évolution. La lecture du texte complet de Lavoisier montre au contraire que le chimiste se plaçait dans la continuité de la Science (je mets en italique un membre de phrase essentiel) : "L'importance de l'objet *m'a engagé à reprendre tout le travail qui m'a paru fait* pour occasionner une révolution en physique et en chimie. J'ai cru ne devoir regarder tout ce qui a été fait avant moi que comme des indications, je me suis proposé de tout répéter avec de nouvelles précautions afin de lier ce que nous connaissons sur l'air, qui se fixe ou qui se dégage des corps, avec les autres connaissances acquises et de former une théorie. Les travaux des différents auteurs que je viens de citer considérés sous ce point de vue, m'ont présenté des portions séparées d'une grande chaîne, ils en ont joint quelques chaînes, mais il reste une suite d'expériences immenses pour former continuité". Faire évoluer la Science à partir des connaissances acquises, en se basant sur des expériences nouvelles et nombreuses de manière que l'on puisse arriver, en joignant ces éléments, à une

---

[14] Lavoisier (1773) Premier cahier de laboratoire. Plan de travail que se fixa Lavoisier le 20 février 1773. Archives de l'Académie des Sciences, Fonds Lavoisier, Institut de France, Paris.- Antoine-Laurent de Lavoisier (1743-1794) Fondateur de la Chimie moderne. Académie des Sciences: 1768.

théorie cohérente et nouvelle, représente les bases de la méthode expérimentale : la Science est une toile tissée par une multitude de Pénélope et l'épouse d'Ulysse ne révolutionna rien.

L'œuvre de Pasteur s'inscrit dans la continuité de la Science : lui-même fut un "moment" de qualité exceptionnelle dans l'évolution continue des connaissances, et réalisa à un moment donné une œuvre de synthèse indispensable, comme l'avait fait Lavoisier en Chimie à la fin du dix-huitième siècle. Résumons. Avant lui, il y avait eu les savants des Lumières ; après lui, une "moisson" de jeunes savants se leva et partout la Microbiologie prit son essor : après avoir défriché, on exploite le terrain. Libérés, les savants développèrent l'hygiène, l'épidémiologie et la lutte contre les maladies infectieuses, pour ne parler que de l'urgence. La part prise par notre compatriote dans l'évolution moderne de la microbiologie fut double : il fut l'un de ses pères-fondateurs et son esprit curieux le fit s'intéresser à de multiples questions dont, à l'image de beaucoup en son temps, il ne poussa pas la solution à leur terme. Il ne le pouvait d'ailleurs pas. Ce faisant, il toucha à toutes les merveilles que la nature offrait à son esprit curieux, mais ce furent ses élèves qui creusèrent plus avant le sillon : tout passe, disaient les Grecs, les savants aussi. Après ses recherches sur le spontanisme, les vins et les vers à soie, Pasteur entra en effet dans l'âge mûr et ne rédigea plus d'ouvrage (l'un de ses modes d'expression préférés, peut-être source de bénéfices d'ailleurs) après celui consacré à la bière. Ce fut Emile Duclaux qui écrivit le livre sur les maladies infectieuses auquel son maître rêva dans un texte resté inédit après sa mort[15] et dont son petit-fils publia un

[15] L. Pasteur (1933) *Œuvres*, **VI**, *Maladies virulentes, Virus-vaccins, Prophylaxie de la rage*. Dans : *Introduction,* par Pasteur-Vallery-

court extrait. En 1868, Jules Marcou, le géologue des Amériques, jugeait son ami trop âgé et en trop mauvais état de santé pour être encore utile à l'Académie des Sciences[16] et il avait raison. Si comme l'a écrit Charles Péguy, je crois, à douze ans, tout est dit de la vie d'un homme, il en est de même à quarante ans de celle d'un savant. Au-delà, il ne crée plus; il utilise ses acquis. Même si, devant la force de la légende, ce jugement peut paraître abrupt et "impie", il est proche de la réalité de l'œuvre pasteurienne, comme de celle de tous les savants. Pasteur n'en est pas rapetissé pour autant, puisqu'est mise en évidence la fécondité, depuis longtemps reconnue, de son école. La valeur d'un maître se mesure autant à sa capacité d'enseignement et de formation des générations suivantes, donc à assurer sa descendance scientifique, qu'au chef d'œuvre qu'il élabora en son temps. Derrière Pasteur, les talents nouveaux, issus notamment de l'Ecole Normale Supérieure, firent de la Science ce qu'elle est, grâce à une exceptionnelle coopération de pensée et d'efforts, mais toujours lentement en raison des difficultés inhérentes au sujet et aux limites imposées par les techniques[17]. Par contre, le talent et la notoriété de Pasteur servirent la

---

Radot. Masson, Paris. En fait, il ne s'agit là que d'une petite partie du texte inédit.

[16] J. Marcou (1869) *La Science en France. L'Académie des Sciences.*

[17] Je rappelle à ce sujet cette belle citation du botaniste allemand Ferdinand Cohn, contemporain de Pasteur, citée par le Dr. Antoine Magnin dans sa thèse d'agrégation de Médecine (1878 : *Les Bactéries.*, Paris, pp.15-16) : le savant se trouve "dans la situation du voyageur qui erre en pays inconnu à l'heure du crépuscule, à ce moment où la lumière du jour ne suffit plus à distinguer les objets d'une façon nette et où ce voyageur a conscience que, malgré ses précautions, il ne pourra manquer de s'égarer en chemin". A. Magnin, professeur de Botanique à la Faculté des Sciences de Besançon de la fin du dix-neuvième siècle à 1920 environ, joua un rôle déterminant dans le développement de la Botanique jurassienne et fut le fondateur de la Société d'Histoire Naturelle du Doubs.

popularisation des idées nouvelles en matière d'Hygiène et de Médecine infectieuse, issues de la théorie des germes. Les sociétés humaines ne furent pas surprises. Dès l'aube de l'humanité, les hommes furent terrorisés par les maladies infectieuses au point de les attribuer à des divinités malfaisantes et jalouses[18]. La médecine antique ne se préoccupa-t-elle pas déjà, *évidemment*, de comprendre l'origine des maladies infectieuses, dont avec Hippocrate, elle niait l'origine divine ou sacrée, et de lutter contre elles ? Avec sa démonstration définitive de l'absence de générations spontanées de microorganismes dans la nature actuelle et dans les conditions de l'expérience, Pasteur et ses prédécesseurs, puis ses proches successeurs ne firent qu'accélérer une mutation lente, mais ardemment attendue depuis le moment où l'homme fut homme, c'est-à-dire dès qu'il eut conscience de la vie et de la mort. Ainsi, se tisse la toile de Pénélope.

[18] Cf. R. Moreau (1985) La rage de l'Antiquité au Siècle des Lumières. *Inform. Tech. Vét., N° spécial : Pasteur et la rage*, pp 19-28.

Discours sur Pasteur[1]

Pasteur et l'émergence de la microbiologie (Arc-et-Senans, 5 novembre 1988)

Avant de jouer ma partie dans notre trio, permettez-moi de vous dire le plaisir que j'ai de parler de Pasteur en ce lieu où m'attache un souvenir particulier, celui du Président Auguste Joubert, oncle de ma femme, qui, avec le Conseil Général du Doubs, fut l'artisan de la rénovation des Salines d'Arc-et-Senans. Satisfaction aussi de parler encore une fois de Pasteur dans sa dition[2]. Nous sommes en effet à deux pas d'Arbois, où il ne naquit pas, mais où il passa sa jeunesse, où il revint constamment ensuite lors des vacances, où il aimait passer de longues heures, seul dans sa maison des bords de la Cuisance, à rêver. Rêver à quoi ? A ses années d'enfance, au vignoble dans lequel, jeune garçon, il aimait courir avec ses camarades, à ses parents disparus, à ses amis, à la vie qu'il aurait eue s'il était devenu artiste, sa première vocation. Mais voilà, d'autres -son père d'abord- brisèrent cette vocation et l'orientèrent vers des futurs moins aléatoires. Et il devint ce qu'il fut.

Né à Dole le 22 décembre 1822, il ne vécut guère plus de deux ans dans l'ancienne capitale de la Franche-Comté

---

[1] *Ce chapitre rassemble quelques discours prononcés en Franche-Comté, et ayant trait à Louis Pasteur. On pourra y trouver quelques redites par rapport aux chapitres précédents, Richard Moreau ayant utilisé pour les écrire des éléments déjà existants.* (NDE)

[2] Dition : empire, autorité. Cf. *Dictionnaire de la langue française* d'Émile Littré. (NDE)

et passa donc l'essentiel de sa jeunesse en Arbois, autre capitale : celle du vignoble jurassien, où son père, ancien soldat de Napoléon Ier, devint tanneur. Louis Pasteur fut élève au Collège d'Arbois, puis au Collège Royal de Besançon, avant d'entrer en 1843 à l'Ecole Normale Supérieure d'où il sortit agrégé de Physique en 1846. Docteur ès Sciences Physiques en 1847, il fut nommé agrégé-conservateur à son Ecole, puis professeur suppléant et ensuite professeur titulaire de Chimie à la Faculté des Sciences de Strasbourg, ville où il se maria avec Marie Laurent, l'une des filles du recteur de l'Université. Il participa ensuite, comme doyen, à la création de la Faculté des Sciences de Lille. Au bout de quelques années, il revint à Paris comme administrateur, chargé des études scientifiques, à l'Ecole Normale Supérieure. Sa carrière fut désormais constamment ascendante malgré une grave attaque d'apoplexie qui le laissa hémiplégique en 1868. Membre de l'Académie des Sciences, de l'Académie de Médecine et de l'Académie Française, titulaire d'un nombre impressionnant de décorations françaises et étrangères, Pasteur vécut son apothéose avec l'ouverture, en 1888, de l'Institut qui porte son nom. Il mourut en 1895, très diminué par la maladie. Le Président de la République assista à ses obsèques nationales, ce qui n'avait pas été le cas dix ans plus tôt pour Victor Hugo. Ce bref historique ne donne qu'une idée très approchée d'une carrière contrastée qui fut marquée à la fois par l'âpreté avec laquelle l'intéressé l'édifia, l'art consommé de la publicité et de la mise en valeur personnelle dont il fit preuve, un conformisme et un respect du pouvoir établi assez extraordinaire, mais aussi par un enthousiasme scientifique exceptionnel, par "l'inconcevable labeur" (l'expression est de Maxime du Camp) auquel il s'appliqua, enfin par les conséquences parfois considérables de ses découvertes.

Le Professeur H.-H. Mollaret a brossé le tableau des idées en matière épidémiologique jusqu'au moment où Pasteur parut. Du point de vue médical, l'infection, les maladies infectieuses comptaient parmi les plaies de ce temps -encore, devrais-je écrire, car rien n'avait changé depuis les origines de la médecine. En chirurgie, la situation s'était peut-être même aggravée du fait des progrès récents de la clinique et de l'apparition de l'anesthésie. Dans un livre publié en 1894 et consacré à l'antisepsie et à l'asepsie chirurgicales, le Dr Auguste Reverdin, professeur à la Faculté de Médecine de Genève, écrivait : "lorsqu'un chirurgien de notre époque aborde des sujets tels que l'antisepsie et l'asepsie..., il a toujours présentes à l'esprit les circonstances dans lesquelles il a vu le talent de ses maîtres se heurter à des impossibilités matérielles ou se montrer impuissants devant les rigueurs de l'infection." Et, plus loin : " Affermis par les notions de l'anatomie pathologique, aiguillonnés surtout par de solides connaissances cliniques, (les chirurgiens) rêvaient malgré tout de nouvelles conquêtes." Mais "découragés par l'insuccès (dû à l'infection) les maîtres les plus éminents, finissant par douter du bistouri, ne s'adressaient plus à lui qu'avec hésitation. C'est alors qu'on pouvait répéter souvent : l'opération a parfaitement réussi, mais le malade est mort ! Terrible formule, bien faite pour décourager les plus braves."

Et Reverdin de citer Velpeau, lorsque ce dernier déclarait que "l'ovariotomie devrait être exclue des opérations justifiables, quand même les guérisons annoncées seraient réelles", et surtout Moreau (de Tours) énonçant brutalement que "cette opération nouvelle devrait être rangée parmi les attributions de l'exécuteur des hautes œuvres." Cela se passait en 1857 et la seconde moitié du XIXème siècle était déjà entamée que Nélaton "appelait encore de tous ses vœux l'homme qui mériterait une statue en or pour avoir vaincu l'infection." Mais, concluait Reverdin, pour améliorer la situation, il fallait autre chose que les idées préconçues, à la faveur desquelles on échafaudait des traitements de hasard." Cette formule percutante de Reverdin marque bien la pauvreté médicale et chirurgicale de ce temps, si proche encore de nous.

Il fallait donc, à tout prix, dégager l'inconnue, trouver le principe, et rien ne destinait Pasteur à une pareille tâche. En effet, si ses premières recherches lui avaient permis de réaliser des découvertes fondamentales, c'était en cristallographie : ce furent même les découvertes majeures de sa vie dans la mesure où elles constituèrent la clé de tout ce qui suivit non seulement pour lui-même, mais dans des pans entiers de la science. Grâce à Pasteur en effet, la cristallographie et l'optique expérimentale établirent qu'il existait un parallélisme entre la dissymétrie moléculaire et la dissymétrie cristalline des acides tartriques. En affirmant que l'architecture d'une molécule pouvait être l'opposé strict d'une autre, Pasteur déduisit une anatomie stricte des molécules. Ses vues permirent désormais de parler des positions atomiques dans l'espace, d'envisager que ces positions soient commandées par des considérations géométriques. Les principes qu'il posa ainsi autorisaient l'exploitation de toutes les données de la chimie modernes à une époque où la simple réalité des molécules était encore sujette à caution. De plus, sans sa loi fondamentale, Pasteur n'aurait pas pu, de proche en proche, influer progressivement de ses conceptions sur des pans entiers de la biologie.

Nous sommes alors dans les années 50 du XIXème siècle. A cette époque, un intérêt persistant se manifestait pour les microorganismes, avec deux tendances :

- mettre en évidence un rapport de cause à effet entre les plus petits des êtres vivants et les processus de la fermentation et de la putréfaction ;

- prouver de la même façon le rapport entre les germes et les maladies infectieuses.

Dans les deux cas, il suffisait de montrer qu'une correspondance parfaite existait entre les phénomènes de la fermentation ou des maladies contagieuses et ceux de la vie : "De même qu'un gland planté donne naissance à un chêne capable de fournir une récolte de glands, chacun à son tour, doués du pouvoir de reproduire un arbre semblable, écrivait joliment le physicien anglais Tyndall vers 1875, et de même que d'un simple gland peut s'élever une forêt entière, de même les maladies épidémiques planteraient littéralement leur germe qui, rencontrant dans le corps humain la température et la nourriture convenables, prendraient finalement possession de populations entières." Mais, pour convaincre les gens, il fallait encore faire sauter l'obstacle de l'abiogénèse ou théorie des générations spontanées. Nous y reviendrons dans un instant.

L'entrée de Pasteur dans la microbiologie débutante fut consécutive à sa nomination comme doyen de la Faculté des Sciences nouvellement créée à Lille. Son ministre lui ayant donné comme instructions de travailler dans l'intérêt de l'industrie locale, Pasteur s'intéressa donc aux fermentations puisque l'on produisait déjà de l'éthanol à partir de la betterave. Il n'était pas un précurseur dans ce domaine. Cependant, comme l'ont reconnu ses contemporains, son apport fut fondamental dans la mesure où, le premier, il montra nettement qu'un organisme déterminé donnait lieu à une fermentation donnée liée directement à sa croissance ; où il fit voir également l'avantage d'expérimenter avec des cultures pures et d'obtenir une connaissance précise des voies de la fermentation et des produits obtenus ; où il observa que la levure pouvait utiliser indifféremment l'oxygène de l'air ou encore celui des glucides ou même d'autres substances organiques. De plus, en déterminant à propos de la fermentation butyrique, que l'oxygène pouvait se révéler toxique pour certains microorganismes, il apporta une notion nouvelle et fondamentale, celle de vie anaérobie opposée à celle de vie aérobie. Enfin, en montrant que la vie ne pouvait produire que des substances dissymétriques, déviant la lumière polarisée, il fit le lien avec ses études cristallographiques.

Les conséquences découlèrent d'elles-mêmes et Pasteur en eut rapidement l'intuition globale. Il vit d'abord clairement les avantages de l'étude des "infiniment petits dans l'économie générale de la nature". En témoigne sa lettre d'avril 1862 dans laquelle il fit pour son ministre de l'Instruction Publique un tableau "de la merveilleuse circulation (de la matière et de l'énergie dirions-nous maintenant) entre les trois règnes" selon l'expression de Lavoisier, et des conséquences pour l'agriculture du développement de la science nouvelle qui allait sortir de ses expériences et de celles de ses pairs. Mais, dès novembre 1860, il pressentait aussi leur influence dans le domaine médical puisqu'il écrivit dans une note à l'Académie des Sciences : "Je n'en ai pas fini avec toutes ces études. Ce qu'il y aurait de plus désirable serait de les conduire assez loin pour préparer la voie à une recherche sérieuse sur l'origine des diverses maladies."

Ces travaux amenèrent Pasteur, un peu à contrecœur d'ailleurs, à s'intéresser à la question des générations spontanées : "Au point où je me trouvais de mes études sur les fermentations, écrivit-il dans son "Mémoire sur les corpuscules organisés de l'atmosphère", je devais me former une opinion sur la question de la génération spontanée. J'y rencontrerais peut-être une arme puissante en faveur de mes idées sur les fermentations proprement dites." Mais ce que Pasteur appela ensuite une digression devint bientôt sa principale occupation pour un temps, dans la mesure où l'édifice de ses recherches sur les fermentations tout d'abord, sur les maladies infectieuses plus tard, reposait sur elle et sur les résultats qu'il obtiendrait ; dans la mesure aussi où une controverse violente s'ensuivit sur ce sujet pour des raisons qui, dans le cas de certains de ses contradicteurs, furent parfois aussi dogmatiques que scientifiques.

Je n'ai pas le temps d'entrer dans le détail de ces travaux. Notons seulement qu'en refaisant les expériences simples de ses prédécesseurs, de Spallanzani en particulier, mais avec une rigueur scientifique supérieure, Pasteur démontra que l'abiogénèse des microbes n'existait pas dans les conditions actuelles, ce qui ne voulait pas dire qu'elle avait été impossible aux origines ou qu'elle ne le serait pas de nouveau si les conditions changeaient fortement.

Quant aux conséquences, en premier lieu, les techniques microbiologiques trouvèrent leur fondement dans les travaux de Pasteur et de ses prédécesseurs. Il en fut ainsi notamment avec l'apparition de la notion de mise en culture, permettant de juger de la présence ou non de germes vivants dans des milieux donnés. La méthode fut généralisée ensuite avec celle des cultures pures dont les premières furent réalisées par Brefeld et par le chirurgien écossais Lister. Elles permirent le développement par R. Koch et l'école berlinoise, des techniques microbiologiques que nous connaissons et qui contenaient en germe tous les progrès actuels de la microbiologie et des biotechnologies, cultures de tissus végétaux et animaux compris.

Dans le domaine médical, l'origine première des germes responsables était un point important certes, mais qui ne semble pas avoir été essentiel aux yeux des premiers microbiologistes qui poursuivirent leurs travaux le plus souvent comme s'ils avaient posé un postulat qui se vérifierait ensuite par ses conséquences.

C'est bien ce qui se passa lorsque Pasteur s'occupa des fermentations ou en médecine infectieuse avec la première démonstration nette d'un *contagium vivum* par Bassi (dès 1835) dans le cas d'une maladie (la muscardine) des vers à soie, avec les vues quasi-prophétiques de Semmelweis et surtout de Henle (1840 et 1853) qui fut un peu le Louis de Broglie des maladies infectieuses, même si certains médecins continuaient à penser que l'on ne pouvait considérer comme venant du dehors les parasites qui se rencontraient à l'intérieur des organes. C'était en effet la seule raison qui, on ne voit guère pourquoi, leur faisait admettre la génération spontanée des maladies infectieuses. Néanmoins, malgré quelques combats retardateurs (la discussion avec Colin, professeur à l'Ecole Vétérinaire d'Alfort, par exemple), le déclic pasteurien déclencha des réactions en chaîne et les expériences de Pasteur furent rapidement reconnues comme essentielles dans le domaine médical, parce qu'immédiatement ressenties par la foule des gens que décimaient l'infection et les épidémies. En effet, ce furent Pollender et Davaine confirmés dans leurs vues sur l'étiologie de la maladie charbonneuse, la création de la méthode antiseptique, le pansement de Lister et celui de Guérin, les rapides avancées de la chirurgie qui firent écrire à A. Reverdin : "On ne revient pas de si loin (l'infection chirurgicale qui faisait tant de victimes) sans avoir la joie au cœur et le verbe à la bouche", les découvertes de Koch et de ses successeurs dans le monde entier, la création de l'immunologie par Pasteur et Roux, tous les progrès modernes de la lutte contre les maladies infectieuses.

Je ne m'étendrai pas davantage sur ces sujets qui vont être évoqués dans certaines de leurs conséquences actuelles par le professeur Y. Michel-Briand. En revanche, je noterai que les conclusions de Pasteur furent loin d'être totalement satisfaisantes, car notre savant avait parfois une certaine tendance aux conclusions hâtives. Ses adversaires, et ce fut heureux pour la science, s'empressèrent d'en mettre les points faibles à nu. Sur ce point, je prendrai un seul exemple (mais d'autres seraient possibles) : celui des discussions qui eurent lieu dans les années 70 entre Pasteur et l'anglais Ch. Bastian. Ce dernier sut montrer les fausses interprétations qui "fourmillaient", c'est le terme utilisé par E. Duclaux, l'élève et successeur de Pasteur, dans le travail de ce dernier. Cette discussion amena le physicien anglais Tyndall à intervenir, ce qui conduisit ce dernier à des découvertes également fondamentales et qui avaient échappé à Pasteur. Ainsi se fait toujours la progression des connaissances dans la science.

Dans notre domaine, les hommes providentiels n'existent guère. Aussi, selon l'expression de Frossard, comme "tout édifice est œuvré et maçonné l'une pierre après l'autre… aussi, les sciences sont extraictes et compilées de plusieurs clercs." Cela nous éloigne de la légende pasteurienne du savant génial dont le cerveau aurait donné naissance à la microbiologie toute armée et c'est mieux ainsi. Dans le cas présent, Tyndall démontra notamment que les liquides qui ne contiennent que des bactéries à l'état végétatif sont facilement stérilisables à une température inférieure à celle de l'ébullition, mais que la présence de germes résistants rend beaucoup plus difficile la stérilisation à ces mêmes températures. Ce qui amena à distinguer deux phases chez certaines bactéries : l'une relativement thermolabile, détruite par cinq minutes d'ébullition, l'autre thermorésistante à un point incroyable. C'était la découverte des endospores bactériennes à laquelle R. Koch, puis F. Cohn, en Allemagne, prirent ensuite une part essentielle. La découverte était capitale à tous les points de vue.

Du point de vue des techniques microbiologiques, la discussion avec Bastian amena donc Pasteur et ses collaborateurs à se rendre compte de l'insuffisance du chauffage à 100°C, pourtant déjà observée avant eux, avec comme conséquence, l'introduction en microbiologie du chauffage discontinu ou tyndallisation, et surtout du chauffage sous pression, autrement dit de l'autoclave. Il faut signaler aussi l'apparition de l'ultrafiltration qui entra définitivement dans la pratique en 1885 avec les bougies en porcelaine dégourdie de Chamberland, l'élève jurassien de Pasteur, originaire de Chilly-le-Vignoble et futur député du Jura, technique qui avait aussi l'avantage, en ne chauffant pas les liquides de culture, de ne pas risquer d'altérer leurs composants fragiles, tout en retenant les bactéries.

D'autres objections de Bastian, qu'un français, Ch. de Vauréal, avait déjà avancées en 1864, contribuèrent encore à ne pas incriminer uniquement l'air dans le transport des germes infectieux, ce qui était devenu pour Pasteur une doctrine absolue : on le vit bien lorsqu'il chercha à mettre en évidence le germe du choléra dans l'air de chambres d'hôpitaux. Or, en Allemagne, après la *Grundwassertheorie* prémonitoire mais insuffisante de von Pettenkoffer (elle datait des années 50 du siècle), était apparue la *Trinkwassertheorie* : les microbes pathogènes peuvent passer de l'homme au sol, du sol à l'eau et de celle-ci à l'homme, redonnant alors la maladie. De cette théorie sur laquelle les écoles de Berlin (celle de R. Koch) et de Paris (celle de L. Pasteur) s'accordèrent, date le vrai départ de l'hygiène et de l'épidémiologie modernes.

En conclusion, au terme de ce tour d'horizon beaucoup trop court pour ne pas être un peu caricatural, le fait le plus saillant fut que, si Pasteur a paru clore avec Tyndall le débat sur les générations spontanées, ce fut comme éléments terminaux d'une longue série de savants qui s'approchèrent de la vérité à petits pas. Pasteur et Tyndall furent en quelque sorte les noyaux de cristallisation d'une idée qui, comme cela est classique et normal, se vérifia progressivement et qui s'imposa petit à petit parce qu'elle était la plus féconde. Pasteur et Tyndall intervinrent donc "au bon moment" et le débat sur les générations spontanées marqua une limite et un nouveau départ pour la science, dans sa partie médicale notamment. En effet, les travaux des deux hommes créèrent une nouvelle donne scientifique qui permit à une constellation internationale de chercheurs de faire progresser la science biologique et médicale le long des axes principaux suivants :

- constitution de la base concrète sur laquelle fut édifiée l'histoire naturelle des microbes, ce qui aida à formuler la théorie microbienne des maladies infectieuses et les lois de l'épidémiologie, avec les conséquences que l'on connaît pour l'espèce humaine principalement, mais aussi dans le domaine vétérinaire. Le rôle de Koch fut prépondérant de ce point de vue, mais c'est à Pasteur que l'on doit attribuer les prémices de la microbiologie industrielle et des applications agro-alimentaires modernes.
- octroi d'une base technique solide à la jeune science bactériologique et plus largement microbiologique, ces développements étant à mettre essentiellement au crédit de R. Koch et de ses élèves en Allemagne.
- découverte de l'immunologie dans laquelle on doit voir principalement l'œuvre de Pasteur et de ses disciples, avec les conséquences que l'on sait en matière de protection de la santé humaine et animale, de même

que pour les nombreuses applications biotechnologiques modernes.

Du point de vue médical et en France plus spécialement, l'étude de la maladie charbonneuse permit à Pasteur et à ses amis d'asseoir définitivement la théorie microbienne de la maladie infectieuse. Quant aux vaccinations anti-charbonneuse et antirabique, même si cette dernière fut très imparfaite et même dangereuse, elles eurent pour effet, selon l'expression de Duclaux, de "faire tourner la girouette" médicale grâce au soutien d'une opinion publique qui, en un instant, crut aux miracles qu'un nouvel état de la science paraissait apporter. Grâce à ce grand mouvement qui commença en 1885, et malgré de fortes résistances, hygiénistes et médecins réussirent à imposer les nouvelles pratiques qui, après l'introduction de l'asepsie et de l'antisepsie chirurgicale par Lister, réorientèrent la médecine. Le temps était arrivé d'élever la statue en or que Nélaton avait souhaitée pour l'homme qui vaincrait l'infection.

Louis Pasteur et la naissance de la Microbiologie (réunion anniversaire de la naissance de Louis Pasteur, Maison natale de Dole, 27 décembre 1993)

Mesdames, Messieurs,

M. Jacques Touzet, président de l'Association des Amis de la Maison Natale, m'a invité à parler de l'irruption de la Microbiologie dans la Science et dans le monde d'aujourd'hui. Tout le monde sait que Louis Pasteur, dont je suis heureux de fêter l'anniversaire de la naissance ici-même, c'est-à-dire dans sa maison natale, et avec vous, ses compatriotes les plus proches, y prit une part prépondérante. Mais celle-ci lui est disputée de nos jours, alors que personne ne la contesta en son temps : c'est une bonne raison d'y réfléchir ensemble.

A l'automne 1956, alors que j'effectuais mon stage "initiatique" à l'Institut qui porte son nom, je fus invité à assister à la très sobre célébration annuelle de l'anniversaire de la mort de Pasteur dans la crypte où il repose à côté de son épouse. Et je revois encore un vieux monsieur barbichu, en blouse et calotte blanches (le "pasteurien historique", dirons-nous), prendre la parole et débuter la cérémonie par ces paroles : "*Voici soixante et un ans que le maître nous a quittés…*" Pasteur était le messie de cet homme qui devait pourtant être très jeune en 1895 ! Avec quelques autres présents, peut-être avait-il pu encore apercevoir un Pasteur précocement vieilli, diminué, mais qui représentait son idéal. A défaut, il avait été au moins le disciple des grands élèves du maître et, la légende aidant, son émotion n'était pas feinte, ce qui montrait l'intensité du souvenir laissé par notre compatriote qui, à l'image des montagnons dont il descendait, créa un véritable esprit de famille autour de lui. C'est dans la même fidélité que je prononce aujourd'hui les mots : "*Voici 171 ans que le Maître est arrivé parmi nous…*"

Le meurtre du père

Fidélité à qui et à quoi ? Je réponds : à l'idée que j'ai de la Science et d'un savant qui l'incarna au cours de sa vie : "*La science a été la passion maîtresse de ma vie. Je n'ai vécu que pour elle…*" proclama-t-il d'ailleurs un jour de 1882, parce que j'ai la même maîtresse que lui. Dire que l'on est fidèle à la Science (elle d'abord) et à Pasteur est devenu nécessaire car, et je cite l'historien des Sciences Pierre Thuillier, qui a pris fortement parti dans un livre de qualité[3], notre compatriote est devenu depuis quelques années la cible "*des vues radicales et meurtrières*", des attaques virulentes de philosophes et sociologues de ce que l'on pourrait appeler "l'anti-science", mais aussi, il faut le dire, de quelques médecins. Pour ceux-ci, c'est conforme à une sorte de "tradition" qui veut qu'actuellement encore, un petit nombre de praticiens inconscients, généralement adeptes d'une médecine dite "naturelle", prennent parfois à leur compte des idées qui sont en opposition totale avec le progrès scientifique. Il était normal par contre que les théories de Pasteur soient discutées au siècle dernier lors de leur établissement. C'est la loi de la Science. Ce n'est plus la même chose maintenant, parce que le tri a été fait, que des hypothèses ont été vérifiées et qu'elles se sont révélées souvent d'une extraordinaire fécondité, tandis que d'autres ont été infirmées, ce qui est dans l'ordre des choses.

Pour quelques héritiers de 1968, les sciences en tant qu'activités cognitives n'auraient ni spécificité, ni rationalité et seraient des processus sociaux, même si certains admettent que l'historien ou l'anthropologue de la science ne peuvent mettre entre parenthèses la recherche d'une vérité ou d'une démonstration dans la constitution de l'objet scientifique. Encore heureux. Ce n'est d'ailleurs pas une découverte pour nous, qui savons depuis longtemps que l'état de la société joue un rôle important dans l'évolution des idées scientifiques et vice versa. Ce fut particulièrement vrai au XVIIIème siècle lorsque Spallanzani démontra l'absence de générations spontanées dans la nature actuelle : il ne dépassa pas sa démonstration parce qu'il ne voyait pas l'utilité d'aller plus loin dans le cadre, qui était le sien, de la philosophie des Lumières. Il ne disposait pas non plus des moyens conceptuels et

---

[3] P. Thuillier (1988) *D'Archimède à Einstein. Les faces cachées de l'invention scientifique*. Fayard, Paris.

techniques nécessaires. Pratiquant ensuite un réductionnisme intégral, les mêmes sociologues expliquent que ce que nous appelons "*la pensée scientifique*" doit être appliquée dans le cadre d'une certaine psycho-sociologie. D'après ces sociologues[4] cités par Thuillier, il n'y aurait plus de raisonnement scientifique, mais seulement des motivations ou des comportements : "*Les "sciences" n'existent pas*" ; "*Il n'y a pas de théories*" ; "*Il n'y a jamais eu de déductions*" ; "*On ne pense pas, on n'a pas d'idées*", etc… Avec de pareilles constructions mentales (ou "non-théories"), rien n'existe et la science n'est plus qu'un ensemble de démarches ou de discours qu'il faudrait comprendre en termes de rapports de forces sociales. Enfin, la science et la guerre seraient la même chose. Il n'y aurait que des discours faibles et des discours forts et l'historien des sciences n'aurait pas à prendre parti sur le vrai ou le faux ; il faut même l'en empêcher. Sous une autre forme, c'est "*Il est interdit d'interdire*". Pour finir, et comme après une bataille, il suffit de faire le bilan : les vaincus avaient tort, les vainqueurs avaient raison. Il en résulte une curieuse et brutale philosophie dont Pierre Thuillier a écrit "*qu'elle mettait sur le même plan un coup de matraque et un syllogisme, un arrêté préfectoral et une expérimentation réussie*". Ce qui revient à prendre

---

[4] On peut avoir une idée de ces constructions mentales en lisant l'ouvrage de B. Latour, paru en 1984 et écrit de la façon maniérée et difficile à lire que l'on trouve couramment chez les philosophes et sociologues actuels, comme si la forme pouvait remplacer la puissance de la pensée. Inversement, cela ne veut pas dire que je n'apprécie pas tout ou partie de certains de leurs ouvrages ; mais ils sont rares. En l'occurrence, il s'agit de : *Les microbes, guerre et paix, suivi de: Irréductions*. A.M. Métailié, Paris. Dans cet ouvrage, l'auteur écrit en guise d'introduction : "*Les guerres de science font aujourd'hui rage, en plus des guerres de religion. Il n'est peut-être pas inutile d'établir à nouveau la démocratie par l'identification de la raison et de la force…*" Sans faire de procès d'intention, il y aurait beaucoup à dire sur la "démocratie" de l'esprit et de la culture, telle qu'elle est envisagée aujourd'hui par beaucoup et qui passe par des canons obligés, souvent issus de la "philosophie" de 1968. "*Le parler gnan-gnan*", paru récemment (1994, Arléa, Paris), est instructif sur ce point.

l'égarement de l'esprit pour raison d'être. L'émergence des théories pasteuriennes se fit bien entendu au détriment de thèses adverses : c'est la règle, et cela paraît donner raison à ces sociologues à condition d'admettre avec eux que toutes les théories se valent : il faut être impartial, disent-ils, c'est-à-dire avoir la même attitude à l'égard de "*la vérité et de la fausseté, de la rationalité et de l'irrationalité, du succès et de l'échec*", car tout n'est que *croyance* et chaque croyance est socialement déterminée.

Si thèses il y a, les accepter serait admettre qu'il n'y a plus de règles, donc plus de société, ni bien entendu de sciences[5]. En réalité, il s'agit plutôt de ce que je n'hésite pas à nommer des élucubrations absurdes[6] qu'aggrave une méconnaissance du sens des mots. Etre impartial, par exemple, veut dire juger équitablement, sans être troublé par des considérations partisanes. Mais est-il partisan de dire un siècle après, lorsque la Science a fait ses choix, que Pasteur avait raison et que Pouchet avait tort ? Est-on partisan quand on choisit la vérité aux dépens de l'erreur reconnue et prouvée ? La meilleure manière de défendre le savoir des menées obscurantistes consiste pourtant à en promouvoir les exigences d'authentique rigueur, à moins qu'à l'image de certains juges et en se basant sur des critères non scientifiques[7], on veuille faire un procès orienté, ici celui des grandes "causes scientifiques" qui firent du XIXème siècle celui "des merveilles" (René

---

[5] "*Encore un effort*, ironise P. Thuillier à propos des "nouveaux sociologues" (p. 286), *et les "sciences", telles que les conçoivent les scientifiques, vont s'évanouir en fumée*".

[6] Le sociologisme est "*une forme de scepticisme qui s'annule lui-même et est donc absurde*". Ernst Grünwald (1934), cité par P. Thuillier (*l.c.*, p. 300).

[7] B. Latour précise dans la courte introduction de son livre (p. 5) que ce qu'il nomme son traité scientifico-politique "*prétend être agnostique en matière de science*". Dommage: il est mieux pourtant de savoir de quoi on parle. Quant à l'intrusion de la politique dans la Science, c'est justement ce que nous refusons, nous les savants.

Dubos[8]), pour en tirer d'autres conclusions que celles imposées par la logique de la Science. Confondant les valeurs, ces psycho-sociologues remettent au premier plan un Félix-Archimède Pouchet, adversaire de Pasteur lors de la querelle sur les générations spontanées, mais ce n'est pas innocent. Un exemple de cette confusion fut déjà donné en 1907, alors que Pouchet et notre compatriote s'étaient éloignés de ce monde depuis longtemps, par un élève du premier, Georges Pennetier[9], qui n'hésita pas à comparer leur querelle à la dispute qui avait opposé Cuvier et Geoffroy-Saint-Hilaire, comme si les esprits de finesse respectifs de ces quatre hommes pouvaient être mis en parallèle : "*Les observations et les expériences de Pouchet ont suscité celles de Pasteur, il ne faut pas l'oublier. Au cours de la lutte que nous venons de résumer, Pouchet a fait plus d'une découverte dont a profité la Science. De la polémique qui éclata entre les deux savants, est sortie la Bactériologie à laquelle l'humanité est déjà redevable de tant de bienfaits.*" Les égarements de l'esprit sont l'une des permanences de l'homme. On ne peut pas être d'accord avec de tels propos. Sans dire comme Duclaux[10] que "*pour obtenir une étincelle, il faut le frottement du fer contre le silex. Ici, il n'y avait que du fer* (Pasteur) *et de l'amadou* (Pouchet)", l'examen *impartial* de leurs travaux, c'est-à-dire à l'épreuve des faits scientifiques, montre à l'évidence que Pasteur et Pouchet n'avaient pas la même stature intellectuelle. De toutes façons, l'essentiel avait été fait avant Pouchet, ce qui n'exclut pas qu'il ait eu aussi

---

[8] R. Dubos (1955) *Louis Pasteur, franc-tireur de la Science*. Presses Universitaires de France, Paris. Le meilleur livre écrit sur Pasteur et son œuvre scientifique.

[9] G. Pennetier (1907) Un débat scientifique: Pouchet et Pasteur. *Arch. Mus. Hist. Nat. Rouen*, **XI**.

[10] E. Duclaux (1896) *Pasteur, Histoire d'un esprit*. Paris, p. 136. Ce livre intéressant n'oublie pas les erreurs de Pasteur.

quelques bonnes intuitions, comme je l'ai fait remarquer ailleurs (R. Moreau, 1992, *l.c.*). J'accorde néanmoins aux théoriciens de l'anti-science que Pasteur, homme admirable à bien des égards, n'a pas échappé à cette sorte de règle énoncée par Georges Duhamel dans les dernières pages du sixième roman de la *Chronique des Pasquier*, *Les Maîtres* (Mercure de France, Paris) : "*Des hommes admirables ! Ils ne sont pas admirables partout et toujours. Ils sont admirables quand les circonstances les portent et que l'inspiration les visite*". Seulement, les heures d'inspiration de Pasteur furent décisives pour l'humanité.

Dans une assimilation encore plus inacceptable, certains considèrent que Pasteur utilisa le pouvoir en place pour vaincre ses adversaires, y compris les malheureux microbes (!?)[11], et imposer ses vues scientifiques qui, dans cette logique particulière, n'auraient pas été meilleures *a priori* que celles des autres, et qu'il disposa *bien entendu* de l'aide du capital et de son entourage confessionnel. Plus exactement, selon une formule de P. Thuillier, la doctrine de Pasteur était bien enracinée dans les goûts et les besoins sociaux, économiques et politiques qui prédominaient, ce qui revient au même. Evacuons l'argument religieux : Pasteur fut tout sauf un savant chrétien. Pour le reste, à tout le moins, Pasteur tirait l'essentiel de ses crédits de l'Etat, comme l'a fait remarquer l'historien des Sciences américain G. Geison qui admet d'ailleurs que Pasteur séparait la foi (qu'il n'avait pas) de la Science.

Ce qui pour un Américain est peut-être une tare constitue pour moi un avantage. Quel savant peut travailler en effet sans un minimum de finances ? Au XVIIIème siècle, Lavoisier, parce qu'il était fortuné. Sinon, les savants durent toujours composer avec la faveur

---

[11] Je fais allusion ici à une incidente de B. Latour, *l.c.*, page 13, sur laquelle je reviendrai plus bas.

du prince : Buffon fut le favori de Louis XV, puis de Louis XVI. Pour raisonner sur le XIXème siècle, il faut connaître la situation française et savoir que, dans une recherche embryonnaire, les applications de la Science étaient aussi mal considérées qu'aujourd'hui ; la lecture des véritables pamphlets publiés en 1869 par Jules Marcou[12] permet de s'en rendre compte, de même que celle des éloges que rendit Pasteur aux Sciences appliquées à la même époque (*infra*) ou ses critiques sur l'état de la Science en France. De plus, il n'y avait que très peu de laboratoires installés et c'étaient plutôt des endroits destinés à l'apprentissage qu'à la recherche : Pasteur découvrit ces travaux pratiques lorsqu'il fut intégré à l'Ecole Normale supérieure. Lui-même[13] citait aussi les laboratoires privés que financèrent pour eux-mêmes Jean-Baptiste Dumas, Boussingault, Fizeau ou Foucauld. De son côté, Alfred Lacroix, longtemps secrétaire perpétuel de l'Académie des Sciences (entre 1914 et 1948), mentionne l'exemple de son maître, le grand minéralogiste et cristallographe Alfred Des Cloizeaux, battu par Pasteur à l'Académie des Sciences en 1862, mais élu à son tour en 1869, qui travailla presque toute sa vie chez lui, dans un laboratoire privé modeste, et ne disposa que très tardivement d'un service au Muséum où il était professeur. Pasteur, qui n'était pas pauvre, mais qui n'était pas riche non plus, ne pouvait et peut-être surtout ne voulait pas en faire autant, d'autant qu'à côté des exemples précédents, les poëtes n'étaient pas seuls à mourir de misère dans la France romantique, des savants de premier plan aussi,

---

[12] J. Marcou (1869) *La Science en France*. Deuxième fascicule. *L'Académie des Sciences de l'Institut Impérial de France*. C. Reinwald, Paris. J. Marcou fut l'ami de Pasteur depuis les années du Collège royal de Besançon. Il fit ensuite une grande carrière de géologue aux Etats-Unis, tout en restant très attaché à la France et à Pasteur.

[13] L. Pasteur (1939) Le budget de la science (1868). *Œuvres*, **VII**, *Mélanges Scientifiques et Littéraires*. Masson, Paris, p. 203.

comme le chimiste Auguste Laurent (1807-1853), pionnier de la théorie atomique et véritable fondateur avec Charles Gerhardt de la Chimie organique moderne. Le destin du second, dont le nom est inséparable de celui de Laurent, ne fut pas très différent. La situation difficile où, après leur mort, se trouvèrent plongées les familles de ces deux très grands chimistes incita le baron Thénard à créer en 1857, la société des "Amis des Sciences", destinée à venir en aide aux savants et à leurs familles, tombés dans la misère. Pasteur en fut un membre actif et dévoué. Auparavant, son maître Jean-Baptiste Biot l'incita à s'occuper d'un des enfants de Laurent, qui avait été son véritable initiateur à la Minéralogie et à la Cristallographie dans le laboratoire de Balard. Dès lors, il ne fait aucun doute pour moi que l'exemple de Laurent incita notre compatriote, déjà averti par les aventures anciennes de ses régents du collège d'Arbois en proie au pouvoir municipal, à rechercher autant que possible des structures statutaires pour assurer le bon déroulement de ses propres travaux. Il fut donc ainsi l'un des initiateurs des structures qui régirent la recherche jusqu'au début des années 1980, en firent le succès et la réputation, tout en assurant à chaque universitaire le minimum de crédits de recherche, le laissant libre de ses initiatives et à l'abri des pressions. L'organisation dirigiste qui est la règle depuis quelques années, marque un retour en arrière et une atteinte à la dignité des savants contre lesquels Pasteur eût sans aucun doute lutté.

Pasteur et la Science

En bon franc-comtois, Pasteur chercha toujours l'indépendance pour ses travaux. En plusieurs occasions, il répondit certes à des missions du gouvernement et c'est probablement ce qui lui est reproché : frayer avec le pouvoir, n'est-ce pas horrifique ? Comme si beaucoup de travaux actuels de "théologie scientifico-politique" n'étaient pas financés par l'Etat. Il est vrai que dans l'Université actuelle, il y a ceux "qui ont le droit de faire" et les autres. Accepter une mission quand il s'agit du bien public, ne veut pas dire que l'on abdique sa liberté de savant, pas plus que l'on n'est disposé à céder à des "groupes de pression". Prétendre le contraire, même à titre rétrospectif, serait avoir une curieuse idée de la morale publique *actuelle* ; ce serait surtout bien mal connaître Pasteur dont la ligne de conduite à propos des maladies des vins, première occasion où il répondit aux sollicitations du gouvernement, fut exemplaire.

Dès le début, ses recherches furent couronnées de succès, au point que M. de Broissia, maire, et le conseil municipal d'Arbois, lui proposèrent de mettre à sa disposition un local pour les vacances de 1864, toutes les dépenses étant prises en charge par la ville. Par sa lettre du 25 août 1864 (*l.c.*), Pasteur remercia, mais refusa. Lui et ses élèves continuèrent donc à travailler dans une ancienne salle de café d'installation sommaire qu'ils louaient. Jérôme Balard, son ancien maître, eût approuvé, lui qui disait gaîment que l'esprit d'un homme de Science s'aiguise à la lutte matérielle : bel adage toujours valable que trop d'universitaires d'aujourd'hui négligent ou ignorent. Pasteur précisa surtout au maire d'Arbois qu'il ne voulait pas "*engager l'indépendance de ses études*"[14] en acceptant son offre. En agissant ainsi, il évita de paraître prendre envers une collectivité locale, un engagement qu'il n'était pas certain de tenir puisque les résultats espérés étaient soumis aux aléas et aux incertitudes de la recherche scientifique : "*Il se peut que je ne découvre rien de pratiquement applicable*", écrivait-il

[14] L. Pasteur (1924) *Œuvres*, **III**, *Etudes sur le vinaigre et sur le vin*. Masson, Paris. p. 129.

dans sa lettre. S'il avait adopté une position inverse, il eût été soumis à un contrôle permanent, incompatible avec la sérénité nécessaire à ses travaux, mais inévitable dans une petite ville et à cette époque. Et que serait-il advenu si les résultats n'avaient pas été à la hauteur des espoirs soulevés ? Cette détermination fut celle de l'intérêt général face à l'intérêt particulier, même si c'était le sien (sa propre carrière) et celui de son propre terroir. Par contre, que les vignerons d'Arbois auxquels Pasteur était lié depuis sa jeunesse lui fournissent des échantillons, ne le contraignait pas comme l'aurait fait une subvention de la collectivité arboisienne : ce n'était que la manifestation de la solidarité d'une corporation qui luttait pour sa survie. Mais Pasteur refusa d'être annexé à un cépage, à une région, même la sienne, garantissant ainsi la liberté et l'universalité de ses recherches. *Parce qu'il avait une mission nationale*, on le vit s'enquérir également à Clos-Vougeot (il a laissé une belle description inédite du cellier célèbre et fit souvent référence à cette localité dans son livre sur les vins, de même qu'il travailla beaucoup sur ceux de Bourgogne, le Pommard en particulier, dont l'importance économique était plus grande que celle des vins d'Arbois), visiter les vignerons des bords de Loire et de Champagne, utiliser les vins du Cher pour ses travaux, etc... Grâce à cela sans doute, sa collaboration avec les vignerons français fut un modèle car il montra le lien solide et permanent qui existe entre les métiers du vin, de l'apprenti à l'homme de Science.

Pasteur fut donc le *savant-type* du XIXème siècle et nos anciens livres de classe avaient raison de le présenter comme tel. Le savant est au chercheur, terme actuellement à la mode, ce que l'artiste est à l'artisan. Il connaît l'état de la science en même temps que les limites de son savoir. Il a donc "*l'esprit préparé*" (cette expression est de

Pasteur[15]) pour suivre "*le sentier imprévisible qui pénètre dans l'inconnu merveilleux*", écrivait d'Hérelle, le découvreur des bactériophages ; c'est le contraire du chercheur banalisé, le plus souvent homme du "*prévisible et du chemin battu*", comme disait le même d'Hérelle, autrement dit l'homme de la science de catalogue. La vraie découverte est exceptionnelle ; elle dépend des circonstances et des visites de l'inspiration. Pasteur l'écrivit en substance au maire d'Arbois lorsqu'il refusa en 1864 que la ville subventionne ses recherches sur les maladies des vins : "*Faire quelque découverte utile à* (ses) *compatriotes, c'est là un genre de service et un but auxquels un homme de science peut aspirer longtemps sans jamais y parvenir*"[16]. On voudrait que les chercheurs d'aujourd'hui montrent toujours la même prudence et la même lucidité lorsqu'ils demandent des crédits aux collectivités publiques. La très haute position de notre compatriote devrait inspirer des réflexions salutaires à ceux de nos contemporains qui sollicitent des crédits importants auprès de toutes les collectivités possibles, trop souvent sans justifications mieux fondées que leur intérêt personnel et sans que ces collectivités disposent des moyens de contrôle et d'évaluation nécessaires. Si attachés qu'ils soient, en apparence du moins, à leur liberté, ceux qui entrent dans ces combinaisons ne se rendent pas compte qu'inévitablement ces pratiques leur en font perdre.

Ensuite, tenant à juste titre à l'universalité du savant, Pasteur rappela lors d'un congrès viticole et séricicole qui se tint à Lyon en 1872 qu'il n'existait pas "*une catégorie de sciences auxquelles on puisse donner le nom de*

---

15 "*Le hasard ne favorise l'invention que pour les esprits préparés aux découvertes par de patientes études et de persévérants efforts.*" (*in* L. Pasteur, 1871, "*Pourquoi la France n'a pas trouvé d'hommes supérieurs au moment du péril*", *Œuvres*, VII, p. 215.).

16 L. Pasteur (1951) *Correspondance*, **II**, Flammarion, Paris, pp. 174-175.

sciences appliquées. Il y a la science et les applications de la science liées entre elles comme le fruit à l'arbre qui l'a porté"[17]. Cette phrase n'est pas celle, brève, de la page 464, mais la formulation plus élaborée et évocatrice de la même idée qu'il avait placée dans le texte : "*Pourquoi la France n'a pas trouvé d'hommes supérieurs au moment du péril*"[18], écrit après le désastre de 1871. Une autre version existe[19] dans un rapport sur l'enseignement professionnel en France que Pasteur envoya en novembre 1863 à Victor Duruy alors Ministre de l'Instruction publique, donc au moment où il commençait à travailler sur les vins. Qu'il ait traité de ce sujet montre que ce problème resté non résolu se posait déjà de son temps. On trouve dans cet autre texte une seconde leçon de tonalité très actuelle également : "*Il n'y a pas de sciences appliquées. L'union même de ces mots est choquante. Mais il y a des applications de la science, ce qui est bien différent. Puis, à côté des applications de la science, il y a le métier représenté par l'ouvrier plus ou moins habile. L'enseignement du métier a un nom dans toutes les langues. Dans la nôtre, il s'appelle l'apprentissage que rien au monde ne peut remplacer*". Puisse-t-on s'en souvenir lorsque la question d'un apprentissage de qualité se pose avec acuité à la société d'aujourd'hui, afin que seuls les critères d'efficacité en faveur de la jeunesse soient pris en compte, et non d'autres proches du corporatisme.

Finalement, comment expliquer la hargne anti-pasteurienne de quelques-uns ? A l'instar de tout savant ancien et nouveau, Pasteur fut lui-même positiviste, ce qui aurait dû leur plaire ; en témoigne la citation suivante : "*La science expérimentale est essentiellement positive en ce*

---

[17] L. Pasteur (1924) *id.*, p. 464.

[18] L. Pasteur (1939) *Œuvres*, **VII**, p. 215.

[19] L. Pasteur *Id.*, p. 187-188.

sens que, dans ses conceptions, jamais elle ne fait intervenir la considération de l'essence des choses, de l'origine du monde et de ses destinées. Elle n'en a nul besoin. Elle sait qu'elle n'aurait rien à apprendre d'aucune spéculation métaphysique ; pourtant elle ne se prive pas d'hypothèse. Nul, au contraire, plus que l'expérimentateur n'en fait usage ; mais c'est seulement à titre de guide et d'aiguillon pour la recherche et sous la réserve d'un sévère contrôle. Il dédaigne et rejette ses idées préconçues dès que l'expérimentation lui démontre qu'elles ne correspondent pas à des réalités objectives"[20]. La méthode de Pasteur et plus largement la méthode expérimentale, est contenue dans ces mots, mais aussi tous les motifs du procès quasiment idéologique qui lui est fait. Le handicap de notre compatriote, si handicap il y avait, était en effet qu'il ne mélangeait pas les genres, au contraire d'un Marcellin Berthelot.

Compte tenu de l'air du temps, la manière actuelle de juger Pasteur a plutôt pour but d'atteindre la Science elle-même et la discipline qu'elle exige ; c'est même certainement l'objectif non avoué de l'opération. En sapant la méthode scientifique, l'œuvre et les motivations des pionniers de la connaissance, en détruisant les aspirations scientistes propres aux sociétés avancées, on détruit en même temps celles-ci. On comprend donc que les deux questions principales posées par les apôtres de l'anti-science soient les suivantes, telles que les a explicitées P. Thuillier : Pasteur s'est-il conformé au modèle du "grand savant", comme le veulent ses hagiographes ? Ou ne fut-il qu'un mandarin abusif, utilisant ses pouvoirs institutionnels et des circonstances socialement déterminées pour promouvoir des conceptions arbitraires, amenant ainsi une "révolution pasteurienne", c'est-à-dire une modification de fond de la société, dont

---

[20] L. Pasteur *Discours de réception à l'Académie française* (1881). *Id.*, p. 336.

ses tenants profiteraient ? Posées en ces termes, ces interrogations se ramènent aux poncifs socio-culturels et politiques qui agitent nos sociétés depuis quelques décennies avec les désastreux résultats que l'on sait. Mais cela n'a rien à voir avec la Science, ni avec Pasteur, qui n'apparaît dans cette manœuvre que comme "*un animal d'expérience*" de choix, notamment parce qu'il fit partie de "l'establishment bourgeois" de la seconde moitié du XIXème siècle, comme tous les professeurs d'Université d'alors. Il est d'autant plus facile et commode de lui appliquer ces schémas destructeurs que, du fait des progrès de l'épidémiologie et de l'hygiène qu'induisirent ses travaux et qui conditionnèrent eux-mêmes ceux de la médecine, il symbolise à tort ou à raison un tournant de la science et de la société. D'une certaine manière, mais d'une certaine manière seulement, il en sortit un monde nouveau que d'aucuns n'aiment guère... Ceci explique peut-être cela. Pourtant, qui peut regretter ce que la science moderne apporte aux plus favorisés de la planète et, dans la mesure du possible, aux habitants des pays démunis ? Comme le rappelait récemment le professeur Philippe Monod-Broca[21], les trissotins modernes (l'expression est de lui) négligent d'écrire l'essentiel, c'est-à-dire que d'innombrables malades doivent indirectement leur guérison à Pasteur. Le mérite n'est pourtant pas mince.

Ce sujet me ramène à l'allusion que j'ai faite plus haut à "la boutade" d'un auteur récent à propos des malheureux microbes, "victimes" de Pasteur (en réalité, ils savent se défendre). L'essentiel du livre est sur le même ton. Peut-être "n'entends-je pas la rise", comme on dit en Franche-Comté, mais lorsque, professeur de Microbiologie, on a enseigné une vie durant à ses élèves à lutter et qu'on a

---

[21] Ph. Monod-Broca (1992) *Pasteur et la libre-pensée*. Brochure hors-commerce, Paris.

lutté soi-même contre les maladies infectieuses (ou leurs causes) qui, on le sait depuis toujours, atteignent les pauvres plus que les riches, les enfants plus que les adultes bien portants, quand enfin, pendant de longues années, on a touché la maladie de près dans les Hôpitaux, ce genre de mot d'esprit n'arrache aucun sourire. La phrase que j'incrimine, parmi d'autres, intervient après celle-ci qui précisait que "*personne ne* (pouvait) *mettre en doute l'utilité des nouveautés introduites par M. Pasteur en médecine* (ce qui n'est pas exact : Pasteur n'a rien introduit du tout)- *si ce n'est par une affectation trop cynique pour être naturelle. Toutes les autres conquêtes techniques*, précise ensuite Latour, *ont leurs aigris et leurs mécontents -leurs irradiés aussi-*[22], *mais empêcher de mourir des enfants dans d'effroyables maladies n'a jamais été vu que comme un avantage -sauf bien sûr par les microbes des dites maladies*". Sauf aussi par les responsables des massacres des Biafra, Thibet, Cambodge, Yougoslavie, Rwanda pour ne citer que les tueries internationales les plus récentes, et précédemment les goulags soviétiques, les camps de la mort nazis : Auschwitz, Buchenwald, Dachau, etc..., et auparavant encore les camps d'essais japonais sur les humains après la guerre de 1914-1918. Et que dire de la phrase qui suit : "*Jusqu'à nos jours, c'est de cette influence sur la Santé qu'elle tire le plus clair son prestige (et de la Sécurité Sociale qu'elle tire le plus clair de ses revenus*" ? Je ne mets pas en doute les bons sentiments de B. Latour, mais

[22] C'est incontestable, regrettable et hautement condamnable, mais c'est une autre discussion technique et éthique, celle de l'idée *honteuse* du risque dit "socialement accepté" -vous avez-dit social ?- contre lequel je mets chaque année en garde mes étudiants et qui revient à laisser désigner à la roulette russe un certain nombre de victimes du moloch industrialo-financier mondial. C'est, à mon avis, un sujet autrement brûlant et essentiel pour l'avenir de l'humanité que la démolition de Pasteur, la discussion que l'on trouve ici ou là sur la "circularité" ou non de son raisonnement, etc.

j'incrimine cette légèreté d'écriture et je place simplement en face de son texte la phrase suivante de Pasteur qui concerne directement le sujet de cette causerie : "*Deux lois contraires semblent aujourd'hui en lutte : une loi de sang et de mort qui, imaginant chaque jour de nouveaux moyens de combat, oblige les peuples à être toujours prêts pour le champ de bataille, et une loi de paix, de travail, de salut, qui ne songe qu'à délivrer l'homme des fléaux qui l'assiègent (...) Laquelle de ces deux lois l'emportera sur l'autre ? Dieu seul le sait. Mais ce que nous pouvons assurer, c'est que la science française se sera efforcée, en obéissant à cette loi d'humanité, de reculer les frontières de la vie*". Tout le reste est sans importance, de même que tout commentaire est inutile.

J'ai probablement été trop long dans cette introduction, qui intéresse plus des chapelles que le grand nombre. Pourtant, le tort de beaucoup de nos contemporains est de laisser le champ libre à leurs "chapelains", sous le prétexte que nous avons mieux à faire, ce qui est généralement exact. Mais l'histoire récente montre que les coteries finissent alors par prendre le pouvoir et qu'ensuite la parole est serve. Cela explique qu'après le professeur Ph. Monod-Broca, j'aie saisi l'occasion qui m'était donnée de donner mon sentiment sur ces sujets : le devoir des éducateurs républicains est d'enseigner des faits non biaisés à ceux qui feront la nation après eux. La seconde raison de ce long développement est que la naissance de la Microbiologie constitue un bon moyen de montrer l'inanité des propos que j'ai critiqués.

La première naissance de la Microbiologie[23]

Pennetier eut raison sur un point : la Microbiologie trouva son point de départ effectif, même si ses prolégomènes ne dataient pas d'hier, à la conclusion de la discussion sur les générations spontanées, mais Pouchet ne fut pour rien dans l'affaire, sinon un épiphénomène, l'ultime élément déclenchant, la mouche du coche. Lors de toute avancée scientifique, il faut partir d'une théorie de base à partir de laquelle on élabore des hypothèses que l'on cherche à vérifier comme je l'ai rappelé en citant Pasteur lui-même. Ensuite, une nouvelle théorie paraît. Ici, la théorie de départ fut celle de l'existence de la génération spontanée des organismes inférieurs, dont on pensait depuis Aristote qu'ils pouvaient naître d'autre chose que de leurs semblables. Pendant toute l'Antiquité, le Moyen-Age et jusqu'à l'époque moderne, c'est-à-dire au XVIIème siècle, on y a cru. Puis, après les observations de Redi à propos de la génération des asticots, après aussi de nombreux autres naturalistes dont Réaumur est probablement le plus connu, la question ne se posa plus guère que pour l'origine des "animalcules" qu'Antonie Van Leeuwenhoek fut le premier à voir au microscope et à dessiner à partir de 1668. Il fut suivi en France par Louis Joblot au début du XVIIIème siècle. Ce fut d'ailleurs ce même Joblot qui inventa le mot "microscopique". Leeuwenhoek, Joblot, puis d'autres voyaient dans les liquides organiques des bâtonnets qui "*infléchissaient leur*

[23] Pour ce paragraphe et le suivant, se reporter en ce qui concerne les sources bibliographiques à R. Moreau (1992) Les expériences de Pasteur sur les générations spontanées. Le point de vue d'un microbiologiste. 1ère partie : la fin d'un mythe. *C.R. Acad. Sci. Paris, Série générale, La Vie des Sciences*, **9**, n°3, pp. 331-360.- Les expériences de Pasteur sur les générations spontanées. Le point de vue d'un microbiologiste. 2ème partie : les conséquences. *C.R. Acad. Sci. Paris, Série générale, La Vie des Sciences*, **9**, n°4, pp. 287-321, 1992.

corps en se déplaçant" (Leeuwenhoek : c'étaient des vibrions), de "*petits poissons*" ou des "*cornemuses argentées*" (Joblot) ou encore de "*petites anguilles*" (l'anglais Needham : d'où le surnom de "*jésuite anguillard*" que lui donna Voltaire), mais une question se posait : ces animalcules étaient-ils de vrais êtres vivants ?

Avec sa théorie des molécules organiques (après la mort, les molécules organiques dont nous sommes composés seraient capables d'agir comme "une semence universelle" et de produire des "atomes mouvants" susceptibles de donner ensuite des êtres vivants d'ordre inférieur : les animalcules), Buffon, qui n'expérimenta jamais, pensait que non, et comme il représentait la science officielle, rien ne se passa en France dans ce domaine jusqu'au XIXème siècle. Par contre, en Italie, Lazzaro Spallanzani, qui travaillait en relation avec Charles Bonnet (le naturaliste qui découvrit la reproduction asexuée des pucerons) et Horace-Bénédict de Saussure, tous deux à Genève, démontra à la faveur d'une controverse avec l'anglais Needham, déjà cité, soutenu évidemment par Buffon, l'existence dans l'air d'êtres organisés vivants. Pour Needham ces êtres n'existaient point et seule l'hétérogénie, c'est-à-dire la théorie des générations spontanées, pouvait expliquer leur apparition dans des liquides organiques. Pour soutenir son point de vue, il imagina des expériences comme celle-ci : il enfermait du jus chaud de viande de mouton dans des fioles qu'il croyait boucher avec soin. Puis, pour tuer les organismes éventuellement présents dans le jus ou l'air du flacon, il tenait ses récipients dans des cendres chaudes pendant trente minutes. Après plusieurs jours de conservation à la température ordinaire de l'été et malgré ce traitement, le liquide se remplissait d'êtres microscopiques. Persuadé que le chauffage avait tué tous les organismes préexistants, alors qu'en réalité il avait été très insuffisant, Needham expliquait la présence des nouvelles populations par l'effet d'une génération spontanée. Sa conclusion était erronée, mais son expérience allait être reprise jusque vers 1870 : "*Rendons, sur ce point, hommage à l'Anguillard*, écrit J. Rostand (1970) : *nous lui devons la technique par laquelle ses propres affirmations devaient être ruinées*" par Spallanzani d'abord, par Pasteur ensuite.

Spallanzani refit les expérimentations de Needham en y apportant beaucoup plus de soin. Montrant que son compétiteur n'avait pas scellé correctement, ni chauffé suffisamment ses flacons et que de l'air, donc des poussières, passaient, il obtint des résultats opposés et conclut que la naissance des animalcules était due à la présence de leurs germes dans l'infusion avant ébullition ou bien qu'ils y avaient été véhiculés par l'air extérieur, d'où cette phrase: "*Je ne vois pas qu'il soit possible d'attribuer la naissance des animalcules à autre chose qu'à de petits œufs, ou à des semences, ou à des corpuscules préorganisés, que je veux appeler et que j'appellerai désormais du nom générique de* ***germes***." Ce nom leur restera. Il faut souligner que les succès de Spallanzani, qui ébranlèrent fortement la théorie de la génération spontanée des animalcules, étaient dus à une technique plus rigoureuse que celle de son contradicteur. Nous allons retrouver le même avantage chez Pasteur.

Un siècle plus tard, Pasteur donna une éclatante confirmation des travaux de Spallanzani dont il fit peindre le portrait en 1888 afin de l'avoir dans son cabinet de travail. Spallanzani et ses amis genevois furent donc les véritables fondateurs de la Microbiologie expérimentale. Ils mirent au point une méthode d'isolement des animalcules, mesurèrent des temps de doublement de bactéries, ensemencèrent des champignons microscopiques, réalisèrent les premières expériences d'écophysiologie microbienne et étudièrent la sensibilité des microorganismes au chauffage, question que Pasteur négligea jusqu'à sa controverse avec l'anglais Bastian. De ces expériences, date ce que j'ai appelé *la première naissance de la Microbiologie*. Toutefois, l'événement resta sans suite parce que les esprits n'étaient pas préparés et que les concepts étaient absents : on raisonnait seulement dans le cadre de l'esprit philosophique des Lumières. Néanmoins, un épicier parisien, Nicolas Appert, s'inspira des méthodes de l'Italien pour créer "l'appertisation", c'est-à-dire la stérilisation des aliments dans des récipients fermés, autrement dit, la conserverie. On était en 1810-1815 environ.

Fermentations, générations spontanées et contagium vivum

Nous voici arrivés dans la première moitié du XIXème siècle. Les travaux se multiplient. En Allemagne, Ehrenberg observait et décrivait de nombreux microorganismes dans l'eau, la poussière, l'air, etc… Il décrivit ainsi cinq genres bactériens essentiels : des bâtonnets droits (les *Bacterium* et les *Monas*) ou incurvés (les *Vibrio*), d'autres plus ou moins et différemment spiralés : les Spirochètes et les Spirilles, ce qui confirma que ces animalcules, comme on les appelait encore, existaient partout dans notre entourage. En France, entre 1836 et 1837, Cagniard de Latour souligna la nature végétale des agents de la fermentation alcoolique et indiqua clairement que la transformation du sucre en éthanol était la conséquence de l'activité vitale de ces "*champignons articulés, que l'on pourrait appeler champignons du sucre et qui sont comme une plante*", écrivait l'allemand Théodore Schwann en 1837 également. On observa enfin que la fermentation n'avait pas lieu lorsque l'on empêchait l'introduction de ces cellules dans les liqueurs sucrées. Mais qui faisait quoi ? A cette époque, les chimistes, avec l'allemand Liebig au premier rang, estimaient que si la Levure contribuait effectivement à la fermentation alcoolique, elle n'intervenait pas en tant qu'agent vivant, mais parce qu'après sa mort, elle restituait des matières albuminoïdes en solution qui, selon une formule à tout faire, imprimaient "des vibrations" aux molécules de sucre dont elles provoquaient la dissociation en alcool éthylique et en acide carbonique. Cette distinction, en harmonie avec les idées du temps, faisait entrer la fermentation et la putréfaction dans le cadre de la doctrine physico-chimique qui était à l'honneur. Au contraire, selon la théorie vitaliste, les fermentations et les putréfactions étaient le résultat de l'activité extérieure de cellules vivantes, les "animalcules", autrement dit des microorganismes. Tout le fond de l'affaire était là.

Par ailleurs, on avait objecté, notamment Gay-Lussac dès 1810, à propos de la méthode de conservation des aliments d'Appert, que l'air en était absent, qu'il pouvait avoir été chimiquement altéré par suite de la température élevée à laquelle il avait été soumis et que cela pouvait être un facteur empêchant. Cette question était d'importance, car le rôle de l'oxygène dans la respiration était une découverte très récente, datant de la fin du XVIIIème siècle seulement. Les expériences des allemands Schwann et Schultze (1837) répondirent partiellement à cette question : ils alimentèrent des infusions animales ou végétales avec de l'air qu'ils avaient fait passer respectivement au travers d'un serpentin porté au rouge ou sur de l'acide sulfurique et de la potasse. Dans les deux cas, l'air (refroidi dans le premier) laissait intact le jus de viande qui avait été porté à ébullition. Pasteur tira la conclusion en 1861 : "*C'était là un grand progrès, parce que cela donnait gain de cause à Spallanzani contre*

Needham. Cela répondait à toutes les craintes de ce dernier sur l'altération possible de l'air dans les expériences de Spallanzani ; cela détruisait enfin l'assertion de Gay-Lussac sur le rôle de l'oxygène dans les procédés de conserves d'Appert et dans la fermentation alcoolique." En 1854 enfin, d'autres savants allemands, Schroeder et von Dusch, substituèrent au serpentin chauffé ou aux tubes laveurs un long tube rempli de coton : la filtration de l'air se montra capable aussi d'empêcher la croissance microbienne dans les bouillons de viande, mais des expériences analogues conduites sur du lait bouilli échouèrent. Schroeder manqua ainsi la découverte, déjà effleurée par Spallanzani, des endospores bactériennes. Mais aucun de ces savants n'osa conclure, laissant sans le savoir, cet honneur à Pasteur.

Dans le même temps, d'autres essayaient de mettre en évidence un rapport de cause à effet entre les plus petits des êtres vivants et les maladies infectieuses : "*De même qu'un gland, planté, donne naissance à un chêne capable de fournir une récolte de glands, chacun, à leur tour, doués du pouvoir de reproduire un arbre semblable ; et, de même que d'un simple gland peut s'élever une forêt entière, de même les maladies épidémiques planteraient littéralement leur germe qui, rencontrant dans le corps humain la température et la nourriture convenables, prendraient finalement possession de populations entières,*" écrivit Tyndall plus tard (*Les microbes*, 1882) à propos des maladies infectieuses. La première observation fut faite en 1835, un peu avant Cagniard de Latour à propos des fermentations, par l'italien Agostino Bassi (1773-1856) qui démontra la réalité d'un *contagium vivum* dans une infection des vers à soie, à quoi il faut ajouter les vues prophétiques de Jacob-Gustav-Friedrich Henle (1809-1885) à partir de 1840. Ici ou là enfin, des médecins soupçonnaient la nature contagieuse des maladies infectieuses. Il y eut Bretonneau à Tours, dès 1823, mais aussi de simples médecins de campagne comme le jurassien Claude-Marie Germain, de Salins, et bien entendu, en Autriche, Samuel Semmelweis qui mourut en 1850, persécuté par ses pairs parce qu'il avait inventé l'aseptie sans en connaître le mécanisme[24].

Nous arrivons à Pasteur. En 1854, il avait été nommé doyen de la toute nouvelle Faculté des Sciences de Lille. Ayant reçu des instructions l'invitant à travailler dans l'intérêt de l'industrie locale, il s'intéressa lui-aussi aux fermentations. Comme l'ont reconnu ses contemporains (C. Flügge, *Les Microorganismes étudiés spécialement au point de vue de l'étiologie des maladies infectieuses*, édition française de 1887), son apport fut fondamental. Après les approximations de ses précurseurs, il montra surtout qu'à chaque type de fermentation correspondait un organisme donné. C'était la voie ouverte à l'individualisation des germes responsables des maladies infectieuses. Il répondit ensuite à l'interrogation de ses contemporains, que l'Anglais Tyndall traduisit de manière si imagée, par ses études sur les maladies des vins, des vers à soie et de la bière puis, en même temps que l'allemand Robert Koch, vers 1875, sur l'agent du charbon bactéridien.

A Lille, Pasteur observa aussi que la Levure pouvait utiliser indifféremment l'oxygène de l'air, celui des glucides ou d'autres substances organiques et, de façon concomitante, il eut l'intuition ("*Recherches sur la putréfaction*") d'une notion révolutionnaire (je rappelle à nouveau que le rôle de l'oxygène dans les phénomènes vitaux n'était connu que depuis la fin du XVIIIème siècle),

---

24 Sur ce sujet, je conseille la lecture du texte remarquable de Louis-Ferdinand Céline (1936), en fait sa thèse de Médecine, intitulé : *La vie et l'œuvre de Philippe Ignace Semmelweis (1818-1865)*. Ce texte a été réédité dans les *Cahiers Céline* (1977) Gallimard.

celle de vie aérobie opposée à celle de vie anaérobie, dont l'idée avait été frôlée par Spallanzani : "*Je propose avec toutes sortes de scrupules ces mots nouveaux* aérobies et anaérobies *pour indiquer l'existence de deux classes d'êtres inférieurs, les uns incapables de vivre en dehors de la présence du gaz oxygène libre, les autres pouvant se multiplier à l'infini en dehors du contact de ce gaz.*" Il fit voir ensuite l'avantage d'expérimenter avec des cultures pures et d'obtenir une connaissance précise des produits et des voies de la fermentation, inaugurant ainsi d'une certaine manière les modes d'étude modernes des bactéries, puis il fit annoncer à l'Académie des Sciences le 14 février 1859, qu'il avait réussi la culture de la "*levure lactique*" dans ce que nous appelons aujourd'hui un milieu synthétique composé de glucose et de sels minéraux. C'était un pas en avant considérable tant au plan technique que sur celui des concepts, car jusqu'alors, à l'exception de Claude Bernard qui avait reproduit en 1858 l'expérience de Schwann en utilisant une solution de sucre et de gélatine, tous les essais avaient été tentés dans des milieux empiriques : bouillons de viande ou infusions de foin dont, par définition, on ne connaissait pas la composition précise. Pasteur put donc écrire : "*La vie végétale et animale a pris naissance* (…) *dans un milieu où il n'y avait aucun produit ayant antérieurement une organisation quelconque. Sur ce point, la question de la génération spontanée a fait un progrès*". Il répondait ainsi à l'une des propositions hétérogéniques selon laquelle la vie des "*microzoaires de dernier ordre*" (les "animalcules") ne provenait pas de particules inanimées que juxtaposerait le hasard, mais de corps ou de substances en décomposition.

Pasteur et la Microbiologie

Après la démonstration de Pasteur, la théorie des générations spontanées avait vécu. Néanmoins, avec son sens de la méthode expérimentale, notre compatriote voulut aller au bout de la démonstration comme il l'exprima dans son *Mémoire sur les corpuscules organisés…* : "*Au point où je me trouvais de mes études sur les fermentations, je me devais de former une opinion sur la question des générations spontanées*", pensant "*y rencontrer peut-être une arme puissante en faveur de mes idées sur les fermentations proprement dites.*" Il ajoutait que "*les recherches dont* (il avait) *maintenant à rendre compte n'*(avaient) *été par conséquent qu'une digression obligée de* (ses) *études sur les fermentations.*" Cette affirmation réduit à néant la plupart des critiques des sociologues évoqués plus haut. Il reprit donc toutes les expériences de ses prédécesseurs depuis Spallanzani, sans idée préconçue et avec le plus de rigueur possible pour l'époque: "*Il est temps que la science, la vraie méthode reprenne ses droits et les exerce*", écrivit-il à propos des errements métaphysiques de Pouchet. Comme le nota Jean Rostand dans son remarquable ouvrage sur les générations spontanées, il fallait d'autant plus "*laisser Dieu et l'idéalisme tranquilles et attendre les précisions expérimentales*", que l'Eglise catholique avait mis depuis belle lurette Aristote aux oubliettes ! Les précisions expérimentales vinrent à la suite du concours que l'Académie des Sciences lança en 1860 sur le sujet : "*Essayer, par des expériences bien faites, de jeter un jour nouveau sur la question des générations spontanées*" parce que, indiqua Pasteur irrévérencieusement (*Mémoire sur les corpuscules organisés…*), "*personne ne sut indiquer la véritable cause d'erreur des expériences*" de Pouchet. Je rappellerai seulement que Pasteur fit passer de l'air prélevé en continu dans la rue grâce à l'aspiration d'une trompe à eau, à travers un tube garni de "coton soluble", autrement dit de fulmi-coton. Il solubilisait ensuite le coton-poudre dans l'éther éthylique, puis il examinait le résidu au microscope ou encore il plongeait les bourres dans un liquide de culture et obtenait inévitablement une croissance microbienne. La technique microbiologique a conservé le souvenir de ces "bourres de coton" avec le bouchage des tubes au coton cardé. Ces résultats signifiaient que les solutions organiques chauffées ne donnaient pas naissance à des microorganismes lorsqu'on leur fournissait de l'air naturel débarrassé de ses germes. L'expérience des flacons à col de cygne, dont un exemplaire intact est conservé ici-même et un autre dans la maison familiale de Pasteur à Arbois, confirma ce qui précède avec un succès à peu près constant : ces ballons donnèrent d'ailleurs à Pétri l'idée de ses fameuses boîtes, universellement utilisées en microbiologie. Enfin, Pasteur réalisa les premières mesures de densité microbienne de l'air en ouvrant des séries ballons qu'il laissait incuber ensuite, à Paris, près d'Arbois, au Mont Poupet et au Montenvers, près de la Mer de Glace. Il fonda ainsi l'aérobiologie (c'est-à-dire l'étude des microorganismes en suspension dans l'atmosphère) et donna surtout aux médecins et aux chirurgiens les arguments qui avaient manqué à Semmelweis : dans l'air, existaient des densités d'organismes microscopiques qui variaient selon les lieux et les circonstances. C'était permettre à court terme la création de l'asepsie, ce que fit l'anglais Lister. La question était donc définitivement entendue. Le physiologiste Flourens exprima péremptoirement cet avis à l'Académie des Sciences par un impeccable syllogisme : "*Les expériences de Pasteur sont décisives. Pour avoir des animalcules, que faut-il, si la* génération spontanée *est réelle ? De l'air et des liqueurs putrescibles. Or M. Pasteur met ensemble de l'air et des liqueurs putrescibles, et il ne se fait rien. La génération spontanée n'est donc pas. Ce n'est pas comprendre la question que d'en douter encore.*" En 1863 enfin, avec l'assistance de Cl. Bernard qui "*présida lui-même aux prises de sang*", Pasteur montra que des liquides organiques frais comme le sang ou l'urine, "*les plus altérables qu'il y ait au monde, au moins ceux qui ont cette réputation*", demeuraient stériles aussi longtemps qu'on le désirait en présence d'un air privé de germes.

Le raisonnement de Pasteur "*fourmillait*" d'interprétations erronées, comme l'écrivit E. Duclaux en 1896 : c'était inévitable. Claude Bernard, dubitatif jusqu'à ses dernières heures, émit des critiques en partie justifiées, mais n'eut pas le temps de les publier lui-même. Ce fut l'origine d'une belle empoignade posthume par l'intermédiaire de Marcellin Berthelot, ennemi intime de Pasteur, qui se chargea de leur publication. Je n'en parlerai pas ici, car cette question n'intéresse pas directement la création de la Microbiologie.

Au-delà de ses inévitables fautes, le mérite le plus éclatant de Pasteur fut d'avoir fait se cristalliser une idée qui s'imposa parce qu'elle était la plus féconde. Il triompha, comme avant lui Spallanzani, grâce à son esprit d'observation et d'analyse, à l'aide d'une méthode et d'un raisonnement plus rigoureux que ceux de ses prédécesseurs ou de ses compétiteurs. Il n'y a pas de sociologie là-dedans et l'on peut renvoyer nos trissotins à leurs études, très confidentielles d'ailleurs. Divers opposants obligèrent toutefois Pasteur et ses élèves à se pencher sur certains problèmes particuliers. Par exemple, l'anglais Charlton Bastian sut mettre en évidence certaines fausses interprétations dont parlait Duclaux. Dès 1860, Pasteur avait observé par exemple qu'une ébullition rapide à la pression atmosphérique ne suffisait pas pour détruire tous les germes des liquides neutres ou alcalins, mais il n'en avait rien tiré. Or, Bastian démontra que l'urine portée à haute température demeurait claire et en apparence stérile lorsqu'elle était maintenue à l'abri de l'air, mais que des bactéries s'y développaient quelques heures après sa neutralisation par de la potasse préalablement chauffée, puis dissoute dans de l'eau, d'où l'impression de leur génération spontanée. Une fois encore, on avait affaire à une expérimentation maladroite : malgré une bibliographie déjà fournie, Bastian n'avait pas compris que l'eau la plus limpide ou les cristaux de potasse pouvaient véhiculer des bactéries ou leurs formes de résistance, ce que montrèrent Pasteur et ses collaborateurs Ch. Chamberland et J. Joubert. Cependant, il devint clair qu'en plus des poussières, des bactéries pouvaient être apportées sur la verrerie par l'eau de nettoyage (Vaureal l'avait indiqué en 1864 en rendant compte favorablement des travaux de Pasteur), et subsister à l'état quiescent à sa surface, d'où l'apparition ultérieure du flambage et de la stérilisation sèche à 180°C. Les objections de Bastian contribuèrent aussi à ne plus incriminer uniquement l'air dans le transport des germes infectieux, ce qui était devenu pour Pasteur une doctrine trop générale. Toujours lucide, Duclaux tira une conclusion très *fair play* : "*Toute notre technique actuelle est fille des objections faites par Bastian au travail de Pasteur sur la génération spontanée*." Un autre anglais, le physicien Tyndall, dont j'ai déjà parlé, vola au secours de Pasteur à la suite des attaques de Bastian et, pour cela, institua des expériences nouvelles. Il démontra que les liquides qui ne contenaient que des bactéries végétatives étaient facilement stérilisables à une température inférieure à celle de l'ébullition, tandis que la présence de germes résistants rendait la stérilisation beaucoup plus aléatoire. Le physicien anglais reconnut alors l'extraordinaire résistance des endospores (Pasteur négligea ce point) en distinguant deux phases chez certaines bactéries : l'une relativement thermolabile, détruite par cinq minutes d'ébullition, l'autre thermorésistante à un point incroyable. A la suite, Tyndall inventa la technique de stérilisation par chauffage discontinu, dite méthode de tyndallisation dont l'allemand Robert Koch précisa les conditions opératoires. L'introduction de l'autoclave suivit. Néanmoins, si, de l'avis de ses contemporains, ce qui c'est fondamental, Pasteur fonda la théorie des germes en démontrant l'absence de microorganismes dans les liquides organiques convenablement stérilisés et même dans ceux que l'on pouvait "*puiser à l'état de pureté dans l'économie des êtres vivants*", ce fut Robert Koch qui établit expérimentalement l'efficacité relative des moyens de stérilisation en usage jusque-là. Grâce à ces deux grands savants, écrivait Van Ermengem en 1887, "*la technique des cultures repose toute entière sur l'emploi de milieux privés de tout germe ; sans eux, les résultats des recherches bactériologiques n'auraient guère plus de valeur scientifique aujourd'hui* (1887) *qu'à l'époque où Hallier et d'autres expérimentateurs faisaient, au moyen de liquides incomplètement stérilisés, les plus étranges découvertes.*"

En effet, il se trouva malheureusement qu'ayant voulu appliquer ces méthodes à la détermination de bactéries pathogènes, un microbiologiste allemand, Hallier que je viens de citer, ne tarda pas à "*s'égarer dans les dédales du polymorphisme*" (S. Arloing), théorie appelée plus couramment pléomorphisme depuis W. Zopf en 1885, qui impliquait la variabilité de forme et de fonctionnalité des microorganismes. Un autre allemand, De Bary, montra que ces résultats n'avaient aucune valeur, car leur auteur n'avait pas pris les précautions expérimentales suffisantes pour empêcher l'introduction de Champignons étrangers dans ses milieux. Pour les adeptes de la doctrine, il n'existait pas davantage d'agent microbien spécifique des fermentations que des maladies ; seule la nature de l'environnement déterminait la forme et la fonction des germes, ce qui revenait à dire, comme l'a noté Stanier (1956) : "*Tout peut se changer en tout.*" Et inversement. Cette idée gravement erronée resurgit hélas parfois. Tous n'eurent donc pas la même prudence que Cohn et de Bary. Si bien que nombre de chercheurs, qui "*barbotaient dans le domaine de la microbiologie au milieu du XIXème siècle*" selon une autre image de Stanier, tombèrent dans les traquenards que leur tendaient les populations microbiennes hétérogènes. Pouchet en fut (on est tenté de dire "bien entendu"). Pasteur multiplia aussi les observations sur ce sujet et sa conclusion fut celle que l'on trouve dans une lettre à Pouchet : "*Eh bien, mon cher Confrère, il est démontré pour moi qu'il n'y a pas une de vos assertions sur la levure qui ait la moindre exactitude. Tout ce que l'on a écrit avant vous dans le même sens n'a pas plus de valeur. Si vous pouvez me montrer de la levure de bière donnant un* Aspergillus *je vous rends les armes.*" Mais il ne cacha pas ses hésitations et eut le courage d'écrire dans ses "*Etudes sur la bière*" : "*A l'heure où les idées de transformation des espèces sont si facilement acceptées, peut-être parce qu'elles dispensent de l'expérimentation rigoureuse, il n'est pas sans intérêt de considérer que, dans le cours de mes études sur les cultures des plantes microscopiques à l'état de pureté, j'ai eu un jour l'occasion de croire à la transformation d'un organisme en un autre (...), et que cette fois-là j'étais dans l'erreur. Je n'avais pas su éviter la cause d'illusion que ma confiance motivée dans la théorie des germes m'avait fait découvrir si souvent dans les observations des autres.*"

De cette nouvelle discussion, naquit une nouvelle technique, celle des cultures pures qui se généralisèrent. Pour démontrer l'individualité spécifique des "virus" comme on disait, c'est-à-dire des microbes responsables de maladies infectieuses, il fallait donner la preuve en effet qu'ils étaient aptes à se multiplier hors de l'organisme, autrement dit à être cultivés *in vitro*. "*L'ensemencement pratiqué comme le fait M. Pasteur*, écrivait Vaureal en 1864, *et ayant pour objet de rendre sensibles et observables les propagules, par leur développement dans un milieu convenable (...), tel est le moyen rationnel que j'emploierais pour déterminer l'espèce d'un miasme donné*" et différencier "*ces corpuscules organiques* (...) *si petits et si faciles à confondre avec les grains de fécule dont M. Pouchet a reconnu toujours la présence près des lieux habités*." Deux méthodes furent utilisées. L'une, basée, comme l'écrivait Pasteur, "*sur la loi de Darwin de lutte pour l'existence*", était dite "*culture par fractionnement*" : c'est la technique d'étalement sur milieux gélatinés d'abord, gélosés ensuite. Due à Pasteur et à E. Klebs, elle fut surtout codifiée par R. Koch, tandis que l'autre, basée sur le principe des dilutions, fut mise au point par Lister, Brefeld, Naegeli, Büchner, etc. Mais l'idée initiale était due à Horace-Bénédict de Saussure et à Lazzaro Spallanzani.

Quelles qu'aient été ses erreurs inévitables, Pasteur prit donc les choses par le bon bout en démontrant le rôle des cellules vivantes dans les fermentations. C'était la mise en place de la "théorie des germes" qui allait se révéler si féconde, notamment dans le domaine des maladies infectieuses : "*La doctrine de la spontanéité des maladies transmissibles est une doctrine qui vieillit, qui chancelle et succombe, tandis que la théorie des germes est pleine de vie et d'avenir*", écrivait-il d'ailleurs en 1879, à propos de l'étiologie du charbon bactéridien[25]. Dans ces conditions, le texte qu'il présenta à l'Académie des Sciences en 1861 fut l'élément déclenchant qui, en peu de temps, provoqua la seconde et définitive naissance de la Microbiologie, et fit "*tourner la girouette*" de la Science et plus encore celle de la Médecine, selon l'expression de E. Duclaux ("*Histoire d'un esprit*"), car les esprits étaient désormais préparés. C'est peut-être cela qui gêne le plus les "trissotins modernes", dont parlait Ph. Monod-Broca, mais on en sait les conséquences incommensurables pour l'humanité. Toutefois, s'il conforta la théorie vitaliste, Pasteur ne comprit pas la réalité des enzymes. En fait, Liebig et lui eurent raison ensemble et on les renverra dos à dos. Le premier "subodora", si je peux m'exprimer ainsi, les enzymes endo et exo-cellulaires responsables des réactions métaboliques, à moins qu'il y ait vu un effet de la catalyse chimique, ce qui expliquerait la prise de position apparemment conforme du chimiste français Gerhardt. Mais sa faute et celle de ses continuateurs fut d'exclure les êtres vivants du système. De son côté, selon l'expression de Jean Guillaume[26], Pasteur ne voulut pas aller voir à l'intérieur de la cellule ce qui s'y passait et fit l'erreur de confondre la croissance des microorganismes qu'il découvrait et leur activité cellulaire qui se manifeste par la production de catalyseurs enzymatiques. Emporté par sa conviction, il refusa de voir une analogie entre l'action des exo-enzymes (c'est-à-dire extra-cellulaires), comme l'invertase étudiée par Berthelot, et les réactions endocellulaires de la fermentation. En 1897, soit deux ans après sa mort, quasi-coïncidence qui confine au symbole, l'allemand Büchner montra pour la première fois qu'un extrait acellulaire de Levure était capable de transformer le

---

[25] L. Pasteur (1933) *Œuvres*, **VI**, pp. 251-252.

[26] J. Guillaume (1973) Des fermentations pastoriennes au problème des enzymes, *in* : A. Delaunay, *Présence de Pasteur*. Fayard, Paris, pp. 63-72.

sucre en alcool. Il apparut plus tard que la théorie de la catalyse de Berzélius était fondamentale et que Büchner, avec son jus de Levure, était plus près de la vérité que Pasteur avec sa Levure vivante.

Se leva alors une moisson de jeunes microbiologistes : le temps de l'évolution

La Microbiologie était née. Comme on vient de le voir, elle ne sortit évidemment pas toute armée de la tête de Pasteur, comme Minerve du crâne de Jupiter, loin de là : selon un processus normal, de multiples "clercs", comme disait Froissard, participèrent à son élaboration. Cependant, l'action de Pasteur fut fondamentale parce qu'il fit sauter le verrou séculaire qui bloquait le développement de la Science : aucun progrès ne pouvait être fait avant que les activités chimiques des microorganismes aient été décelées et sans que soient mises au point des techniques d'étude et de contrôle de la vie microbienne, ce que réalisèrent Robert Koch et Pasteur lui-même qui firent surtout lever derrière eux une "moisson" de jeunes savants, pour parler comme Lucien Febvre[27] à propos des défricheurs du Haut-Doubs et du Haut-Jura au Moyen-Age. Partout ensuite, la Microbiologie se développa : on reconnaît la qualité d'un arbre à ses fruits. A l'inverse, un opposant comme Pouchet, empêtré par de multiples présupposés idéologiques, ne chercha même pas à dépasser son combat idéologique, archaïque par définition. Du point de vue méthodologique, la démarche pasteurienne fut logique, même si elle fut marquée d'inévitables fautes ou d'erreurs de jugement ou de raisonnement, explicables par l'état de la Science et de la méthodologie du moment. Il est facile

---

27 L. Febvre (1912) *Philippe II et la Franche-Comté*. Rééd. 1970, Flammarion, Paris, p. 69.

de juger la partie quand on en connaît le dénouement, *a fortiori* quand on n'en a jamais pratiqué les règles. C'est beaucoup plus difficile lorsque, selon la belle formule du savant allemand Ferdinand Cohn, contemporain de Pasteur, on se trouve devant le mur de l'inconnu, à l'image des savants au milieu du XIXème siècle et de Pasteur lui-même, et de nous tous d'ailleurs, car la technique a constamment ses limites, "*dans la situation du voyageur qui erre en pays inconnu à l'heure du crépuscule, à ce moment où la lumière du jour ne suffit plus à distinguer les objets d'une façon nette et où ce voyageur a conscience que, malgré ses précautions, il ne pourra manquer de s'égarer en chemin*"[28]. Il fallait pour s'en sortir un esprit délié et Pasteur le possédait.

Les savants libérés développèrent rapidement l'hygiène, l'épidémiologie et la lutte contre les maladies infectieuses, pour ne parler que de l'urgence. Jusque-là, le but des hygiénistes était inaccessible faute d'une claire définition des concepts ; on le vit avec la passion vécue par Semmelweis qui, au milieu du XIXème siècle, mourut persécuté par ses pairs incrédules au moment où Pasteur lui donnait raison. Après celui-ci, toute la Microbiologie prit son essor : c'est en cela, et uniquement en cela que l'on pourrait parler non pas de rupture, mais plutôt de point fixe dans une séquence évolutive commencée avant lui, mais qui fut essentiellement l'affaire des générations suivantes. L'ouvrage collectif d'Albert Delaunay[29] donne une bonne idée de la part prise par notre compatriote dans l'évolution moderne de la Microbiologie, part double puisqu'il en fut le père-fondateur par les principes qu'il posa, et parce que son esprit curieux le fit s'intéresser à de multiples questions dont, à l'image de beaucoup en son

---

[28] Cité par Antoine Magnin (1848-1926). Le Dr. A. Magnin fut professeur de Botanique à la Faculté des Sciences de Besançon au début de ce siècle.

[29] A. Delaunay (1973), *Présence de Pasteur*. Fayard, Paris.

temps, il ne poussa jamais la solution à leur terme. On pourrait dire de lui qu'il fut un peu le Maurice Ravel de la Microbiologie : comme le musicien s'essaya avec brio à tous les genres, de même Pasteur toucha un peu à toutes les merveilles que la nature offrait à son esprit curieux, mais il laissa à ses élèves le soin de creuser plus avant le sillon. Après ses recherches sur les fermentations et sur le spontanisme, il entra en effet dans l'âge mûr, puis dans la vieillesse. Signe qui ne trompe pas, il ne rédigea plus d'ouvrage après celui consacré à la bière : son temps était passé. La suite fut l'œuvre de disciples qui avaient l'âge qu'il fallait pour accéder à leur tour au pays des merveilles et ce fut Emile Duclaux qui écrivit les livres, sur les maladies infectieuses par exemple, auxquels son maître rêva dans un court texte resté inédit après sa mort et que publia son petit-fils[30], mais qu'il ne composa pas. En 1868, Jules Marcou (*l.c.*), ami fidèle s'il en fut, jugeait d'ailleurs Pasteur trop âgé et en trop mauvais état de santé pour être encore d'une quelconque utilité à l'Académie des Sciences et il avait raison. Par contre, son talent servit surtout à la popularisation des nouvelles idées, issues de la théorie des germes, ce qui était l'essentiel : ce n'était pas "faire la guerre", mais bien lutter, oui lutter, mais sur le plan des idées, afin d'apporter plus de paix et de joie aux hommes. Charles Péguy a écrit, je crois, qu'à douze ans, tout est dit de la vie d'un homme ; il en est de même à quarante ans de celle d'un savant. Au-delà, il se survit et utilise ses acquis. Même si, devant la force de la légende, ce jugement peut paraître abrupt et "impie", il est le plus proche de la réalité de l'œuvre pasteurienne, comme celle de tous les savants, Einstein compris. Notre compatriote n'en est pas rapetissé pour autant, puisqu'ainsi est mise en

[30] L. Pasteur (1933) *Œuvres*, **VI**, *Maladies virulentes, Virus-vaccins, Prophylaxie de la rage. In* : Introduction, par Pasteur-Vallery-Radot. Masson, Paris.

évidence la fécondité, depuis longtemps reconnue, de son école. La valeur d'un maître se mesure autant à sa capacité d'enseignement et de formation de la génération suivante, donc à assurer sa descendance scientifique (l'arbre et ses fruits), qu'au chef d'œuvre qu'il fut capable d'élaborer lui-même en son temps.

Les véritables novateurs en matière scientifique sont rares : Newton, Einstein, Louis de Broglie furent de ceux-là. Ce ne fut certainement pas le cas de Pasteur dont l'œuvre s'insère de manière parfaite dans la progression de la connaissance depuis la fin du XVIIème siècle ; il le revendiquait d'ailleurs à la manière de tous les savants, si l'on considère la bibliographie très complète que montrent ses articles et ses ouvrages. Cette filiation est doublement liée aux Lumières : à travers Jean-Baptiste Biot tout d'abord, probablement le seul vrai maître de Pasteur, par qui on remonte, à travers une extraordinaire généalogie scientifique, jusqu'à Laplace et d'Alembert. Mais Charles Bonnet, Spallanzani, Lavoisier, autres figures marquantes des Lumières, l'inspirèrent aussi très directement. Une séquence analogue peut être décrite parmi les prédécesseurs de Jules Marcou et pour tous les savants de cette époque : quoi de plus naturel pour des gens nés dans les premières décennies du XIXème siècle ? La seule discontinuité apparente dans la Science, et non dans la société, imputable à Pasteur, pourrait résider dans le fait que, chimiste, il travailla progressivement, puis exclusivement, dans le domaine biologique, sans que les sciences de la vie remplacent jamais totalement la chimie dans ses préoccupations et son cœur. Mais l'interpénétration des disciplines était encore si complète et si harmonieuse à l'époque dorée pour la Science que constitua le milieu du XIXème siècle, que cette discontinuité n'est que formelle. Par contre, Pasteur innova en introduisant dans les sciences biologiques de son époque, mais en même temps que Claude Bernard, une méthode et un mode de raisonnement plus rigoureux, qui étaient alors inconnus. Il serait donc erroné de parler de "révolution pasteurienne" : cela peut constituer à la rigueur un sujet de discussion sociologique ou philosophique (si philosophie il y a), mais c'est tout. Rarement en effet une œuvre scientifique fut en telle continuité avec ceux qui avaient précédé son auteur, puis en phase avec les meilleurs de ses contemporains. La "moisson" de jeunes talents qui suivit fit de la Science ce qu'elle est, grâce à une exceptionnelle coopération de pensée et d'efforts. Quant aux sociétés humaines, elles ne furent pas surprises, car elles attendaient ces découvertes depuis l'aube de l'humanité : la médecine antique ne se préoccupait-elle pas déjà, évidemment, de lutter contre les maladies infectieuses, la rage en particulier[31] ? Les découvertes de Pasteur, de ses prédécesseurs (Spallanzani, Nicolas Appert, Semmelweis, Von Pettenkofer et bien d'autres) et de ses successeurs, ne firent qu'accélérer une mutation lente, mais attendue dans les pratiques médicales et le mode de vie des gens.

Pour conclure

Soyons-en sûrs : en dépit de ses insuffisances (sans lesquelles il n'aurait pas été un homme), Pasteur fut incontestablement une grande gloire de notre pays et de son pays comtois, en procurant à d'autres les moyens intellectuels et techniques d'améliorer le sort de l'humanité. De petites criailleries n'y enlèveront rien. Il est d'ailleurs petit de disputer à ces hommes et à ces femmes, au détail près, leur apport à la Science, surtout lorsque ses conséquences pour la vie des hommes furent

[31] Cf. par exemple R. Moreau (1985) La rage de l'Antiquité au Siècle des Lumières. *Inform. Tech. Vét.*, N° spécial : *Pasteur et la rage*, pp. 19-28.

aussi vastes que celles d'un Claude Bernard ou d'un Pasteur. Et surtout quand on serait bien incapable d'en faire autant. Mais, à propos, je n'ai pas entendu dire que Claude Bernard soit discuté comme l'est Louis Pasteur. J'aimerais en connaître la raison ? Pourquoi rien de sérieux n'est-il fait par l'Etat pour pérenniser réellement le souvenir de ses gloires justement mondiales et faire comprendre la leçon de leur vie et de leur œuvre *ad perpetuam*, sauf en certaines périodes où la République ressort ses vieilles statues parce qu'elle en a besoin pour un usage très contingent ? C'est valable pour Pasteur, Claude Bernard et bien d'autres. Car si, souvent, il n'y avait pas eu l'initiative privée, voire individuelle, rien ou presque n'aurait été fait peut-être parce que, de nos jours, tout est question de carrière, d'argent et de rentabilité. Mais ici, cela ne doit pas être, car *personne n'a le droit de rentabiliser la mémoire ou les lieux de vie où souffle l'esprit des bienfaiteurs de l'Humanité*. Les lieux de la Science sont des sanctuaires de l'Esprit et les marchands du temple n'y ont pas de place. L'Etat, qui doit le savoir, aurait dû aussi se faire un devoir d'assurer la célébration nécessaire de nos hommes célèbres, de ceux qu'il faut appeler nos élites ou nos gloires (en fait celles de l'Humanité). Mais ces mots, si contestés aujourd'hui parce que, tare suprême, ils sont jugés inégalitaires, expliquent probablement cela. Alors, où en serait le souvenir de Pasteur à Dole et à Arbois si des citoyens dévoués et conscients de la chose publique comme vous et vos prédécesseurs, n'avaient travaillé avec les moyens du cœur ? Honneur à vous donc, chers amis de Dole et d'Arbois, qui êtes unis dans le souvenir d'un enfant de ce pays, dont l'éthique de vie fut particulièrement exigeante et exemplaire.

Pasteur et les vignerons jurassiens. Fête du Trousseau à Montigny-les-Arsures (21 août 1994)[32]

Chers amis vignerons,

Mesdames, Messieurs,

Réunis dans ce village vigneron par excellence, nous allons fêter l'un des trois cépages rouges qui donnent le droit à l'appellation de Jura, le Trousseau, *l'un des plants qui font le bon vin*, disait le Parlement de Besançon en 1731, comme l'a rappelé Pierre Grispoux lors de votre première fête. Je sais bien qu'un exposé comme le mien, au début d'une fête vineuse, est difficilement supportable quand on sait que des vins magnifiques n'attendent que le moment de remplir nos verres et de couler dans nos gosiers. Prenez patience, le programme le veut !

La fête du Trousseau d'aujourd'hui a sur les précédentes un mérite supplémentaire, celui d'inaugurer les manifestations de l'année Pasteur qui verra se dérouler en France et dans le monde entier les commémorations du centième anniversaire de la mort de notre compatriote en septembre 1895. Cela ne pouvait se faire qu'en terre arboisienne, même si le savant n'y est encore pas revenu malgré le souhait qu'il exprima clairement.

Cette primeur tient un peu du hasard, nous le savons, mais, parfois, le hasard fait bien les choses. Pour une fois, une célébration de Pasteur débute dans son terroir, parmi les descendants de ceux qui le connurent et œuvrèrent avec lui. Pour une fois aussi, on rendra au paysan, à l'homme de la terre, ici le vigneron, sa vraie place, la première, tellement contestée, dans le mouvement social, culturel et scientifique de notre pays, une place de mûrisseur d'idées comme mûrissent longtemps les fruits de vos vignes. En même temps, on redonnera à ce paysan

[32] Le texte de ce discours fut publié dans *La Racontotte* n. 46, pp. 22-28 (1995).

le droit de choisir une manière de penser qui ne soit pas le décalque d'une civilisation artificielle, mercantile, citadine et imposée comme c'est depuis trop longtemps le cas. En fêtant Pasteur, la vigne et les vignerons, nous rendrons au peuple son *« butin »*, comme on dit en Comté : son butin, c'est-à-dire ce qui lui appartient, ses biens.

Louis Pasteur naquit à Dole en 1822, tout le monde le sait. Mais, tôt dans son âge, il devint l'enfant adoptif et adopté d'Arbois, après avoir vécu quelques années dans le village de Marnoz, berceau de sa famille maternelle. Tout près d'ici, Marnoz, pays de jardiniers et de vignerons, participait avant le grand Phylloxera, nous dit encore Pierre Grispoux, à la production du *vin des Arsures*, production du coteau qui va de Montigny à ce dernier village. Par sa mère, Pasteur était de ce pays, de cette côte même. D'ailleurs, plus tard, lorsqu'il voulut sa vigne, il l'acheta sur le finage de Montigny. Hasard peut-être, mais qui, ici encore, fit bien les choses. Le cercle était bouclé. J'ajoute que ce fut avec des plants et des grappes de sa vigne de Rosières, qui longe la route de Mouchard à Arbois, qu'il réalisa en 1878 des expériences complémentaires, mais tout aussi décisives que celles des années 1860, sur la question cruciale des générations dites spontanées. C'était à propos du peuplement des raisins par les levures, au moment du mûrissement des grappes.

Vivre sa jeunesse dans cette zone d'eaux vives et jaillissantes, avec sur les coteaux les vignes précieuses peuplées d'échalas de bois blanc, aller à l'école, au collège, revenir presque chaque année passer ses vacances à *Arbois, ville de vin, capitale de vignerons*, comme disait Lucien Febvre, ne pouvait pas rester sans conséquence. Ce fut pourquoi la vigne, le vignoble, les vignerons et *in fine* le vin de ce pays jouèrent un rôle-charnière dans la méthode et dans l'œuvre de Pasteur, et firent adopter à ce dernier une démarche scientifique originale lorsqu'il étudia les maladies des vins. Elle eut des conséquences sur le reste de sa carrière scientifique.

Pasteur se mit aux maladies des vins en septembre 1863 à l'instigation du gouvernement. Pourquoi ? A cette époque, l'inquiétude régnait dans le monde viticole français. Le pays possédait deux millions d'hectares plantés de vignes, qui produisaient annuellement cinquante millions d'hectolitres de vin, dont la valeur marchande dépassait cinq cents millions de francs or, soit plusieurs milliards de francs lourds actuels. Les vins français étaient très demandés un peu partout dans le monde, mais ils étaient sujets à des maladies et supportaient difficilement les voyages ! Il en découlait une mévente grave. Affolé par une catastrophe imminente, le gouvernement, qui n'avait pas encore la Communauté Européenne pour acculer un peu plus les paysans, s'adressa à Pasteur.

Pourquoi ce choix ? Ce fut un coup de génie. L'affaire des générations spontanées venait de se terminer à l'avantage de notre compatriote. Avec des méthodes semblables à celles de ses prédécesseurs, mais exécutées avec une plus grande rigueur et interprétées avec une logique exemplaire, il avait démontré l'absence d'apparition spontanée de la vie dans la nature actuelle. Cette mise au point définitive sur une question discutée depuis l'Antiquité, allait se montrer d'une fertilité inouïe dans ses conséquences. Auparavant, Pasteur s'était intéressé à diverses fermentations, dont l'alcoolique et celle qui produit de l'acide lactique. Sur ce sujet, il avait montré qu'à chaque type de fermentation correspondait un microorganisme spécifique ; on parlait souvent encore *« d'animalcule »*, (nous disons maintenant microorganisme), terme en usage depuis que le flamand Antonie Van Leeuwenhoek en avait observé pour la première fois à la fin du XVIIème siècle, avec un microscope rudimentaire. C'était tout, mais c'était essentiel.

La question des générations spontanées avait d'autant plus attiré l'attention sur notre compatriote que l'Académie des Sciences lui avait donné raison contre ses contradicteurs. Encore fallait-il penser que l'un quelconque des animalcules dont il avait démontré l'existence dans l'atmosphère puisse avoir un rôle dans les processus qui causaient les maladies des vins. Là fut le coup de génie du gouvernement de cette époque. S'il s'était adressé à un chimiste pur, ce que Pasteur n'était plus guère à ce moment, le résultat eût été très différent car ce chimiste n'aurait vraisemblablement eu recours qu'à des explications chimiques. Or, elles étaient alors très embrouillées. Il paraît plus probable cependant que ce fut Pasteur lui-même qui se proposa pour cette étude comme l'indique une lettre du 14 juillet 1863 qu'il adressa au colonel Favé, aide-de-camp de l'empereur Napoléon III. Il y mentionnait que des gens inconnus de lui, mais soucieux de la catastrophe qui se préparait, lui avaient écrit que, comme il s'était occupé des fermentations, il avait des recettes à tous les maux. Cela fait penser à la suscription d'une autre lettre qu'il reçut bien plus tard, au moment des vaccinations contre la rage : *A l'homme qui fait des miracles* ! On croit souvent (j'en sais quelque chose puisque c'est mon métier) que le microbiologiste est apte à résoudre tout problème où interviennent des microbes. Il n'en est rien, hélas, mais vous pensez bien qu'à l'époque de Pasteur, alors que la Science que je représente était à peine balbutiante, on était encore plus dans cet état d'esprit qu'aujourd'hui. Le génie fut donc partagé.

Pasteur n'était guère préparé à la tâche. Il ne connaissait rien à la fabrication du vin et se contentait d'en boire très convenablement. Que faire ? Il eut alors la même réaction que Gustave Courbet le jour où, dans une brasserie parisienne, le peintre comtois dit brutalement à des gens qui lui disaient aimer la terre entière (le mondialisme se portait déjà bien) : *Que sont ces gens-là ! N'ont-ils pas un pays ? Moi, j'en ai un, et je le peins.* Courbet pensait évidemment à la Franche-Comté, à la vallée de la Loue et à Ornans. Pasteur, lui, pensa à la Cuisance et à Arbois. C'était là qu'il trouverait des lumières en recueillant les observations d'hommes compétents sur ces matières, c'est-à-dire les vignerons, comme il l'écrivit au colonel Favé dans la lettre citée plus haut.

Fut dit, fut fait. Pasteur rentra au pays et mit à profit ses vacances pour s'installer début septembre 1863 à Arbois, dans la maison Gerbet, rue de Dôle (on connaissait alors le pourquoi de cet accent circonflexe), et il se mit à causer avec les vignerons, vos ancêtres, en des occasions diverses : au dîner annuel du collège, avec d'anciens camarades de classe comme son copain Charrière ou Jules Vercel, qui l'invita dans sa maison de Saint-Lothain, à la *Société de Viticulture d'Arbois*, fondée par l'homme fort du pays, Auguste-Napoléon Parandier, ingénieur des Ponts et Chaussées et député du Doubs. Quelques noms seulement sont cités dans le livre sur *Les Maladies des vins*. En revanche, on en trouve beaucoup plus dans les notes inédites de Pasteur. C'est même un palmarès où figurent les Chauvin, Gallier, Gerbet, Lefort, Martin, Papillard, Saillard, Vuillame, en plus des Charrière, Parandier et Vercel déjà cités. Il y en eut certainement d'autres que je n'ai pas trouvés ou que Pasteur ne cita pas nommément, tel le brasseur dont je parlerai à la fin. Il y eut notamment un certain *« Fanfan »* qui parlait beaucoup et avec assurance, notait Pasteur, à l'image de ces paysans qui ne s'expriment qu'à bon escient, et souvent alors d'abondance, à propos du savoir que leur a donné une longue et patiente observation de la nature et dont ils sont justement fiers. Je souhaiterais retrouver qui fut ce vigneron sympathique. Un ami arboisien m'a suggéré le nom de François Tapponet. Peut-être…

Quels furent les résultats de cette enquête scientifique un peu particulière ? Pasteur put d'abord réaliser une mise au point sur les pratiques viticoles décrites à Arbois et dans la région et rattacher souvent ces usages immémoriaux aux explications que la Science pouvait alors donner car, je cite notre compatriote en le résumant un peu, *ces usages techniques sont presque toujours le fruit d'observations justes. Il arrive bien parfois que* (leur vérité soit celle) *de la légende, mêlée de merveilleux ; mais si cette pointe de miracle ne vous rebute pas, et que vous veniez à considérer les faits en eux-mêmes, vous reconnaîtrez, à peu près invariablement, qu'un usage quelconque, lorsqu'il est généralement suivi, est le fruit d'une expérience raisonnée, qu'il y a quelque utilité à ne point s'en écarter, et que la connaissance des phénomènes naturels qui s'y rattachent n'est vraiment complète que lorsqu'on peut en donner scientifiquement l'explication.* Voici un exemple.

Les vignerons avaient appris à Pasteur que le premier soutirage du vin était pratiqué habituellement en mars lorsque souffle le vent du Nord, la bise, et non le vent du Sud-Ouest, annonciateur de pluie. Charrière, l'ami d'enfance de Pasteur, fit le rapport avec l'eau de la Cuisance : *Nous croyons*, avait-il dit à son camarade, *que le vent du Nord colle le vin et, dans tous les cas, il colle l'eau de la rivière*. Pasteur donna aux vignerons l'explication de l'usage ancien qui faisait choisir le temps de bise pour l'opération en question : le vin jeune est sursaturé en acide carbonique (CO2). Lorsque le baromètre est bas (vent de pluie), le vin dégaze sous l'effet de la basse pression et donne des bulles. Il est alors nécessairement moins limpide que s'il est soutiré par temps de bise, en haute pression, puisque celle-ci augmente la solubilité des gaz dans les liquides. Les mêmes causes produisant les mêmes effets, par haute pression, l'acide carbonique ne se dégage pas de l'eau et le carbonate de chaux, abondant dans nos eaux calcaires, reste dissous. Par conséquent, l'eau reste limpide elle aussi : on dit que la bise *« colle »* l'eau chargée de calcaire. Dans le cas contraire, le CO2 se dégage et le calcaire précipite : l'eau est trouble. Pour le vin nouveau, il y a dégagement de bulles, pour l'eau, mise en suspension d'un léger précipité de calcaire. Le résultat est le même : ces deux milieux sont troubles par temps de pluie.

Pasteur passa bien d'autres sujets en revue avec ses amis. Certains thèmes, m'ont dit les viticulteurs de Montigny qui les ont lus avec moi, font partie des méthodes permanentes de la vinification. Pour d'autres, comme l'ouillage, il n'y avait pas d'unanimité et chacun avait sa technique, celle qui paraissait à chacun donner les meilleurs résultats : certains vignerons ouillaient leur vin jaune par exemple, d'autres non. Pasteur intervint expérimentalement et précisa le rôle de l'oxygène dans le vieillissement des vins. Certes, la Science moderne a fait évoluer la question, les connaissances sur l'influence des gaz ont été précisées, on sait que l'oxygène n'a pas le rôle exclusif que Pasteur lui assignait et que des phénomènes d'oxydo-réduction complexes interviennent. Il n'en reste pas moins qu'il montra le chemin, avec son concurrent Marcellin Berthelot d'ailleurs.

Mais qu'en était-il des vins *« aflés »* ou *« afiés »*, comme on dit souvent encore ici, c'est-à-dire des vins malades ? Depuis ses recherches sur les fermentations, Pasteur savait qu'à un type de fermentation correspondait un microorganisme spécifique. Dans le vin, on trouve normalement de la levure. D'un autre côté, Pasteur avait appris par l'expérience (il examinait les vins au microscope, seul moyen d'étude à cette époque : les cultures n'existaient pas) que, lorsque les dégustateurs d'Arbois ou des environs trouvaient une défectuosité de goût ou observaient un autre phénomène anormal, lui-même décelait toujours corrélativement une espèce microbienne distincte morphologiquement, une bactérie mélangée à la levure dans le dépôt des tonneaux. Rapidement, il réussit même à indiquer d'avance la saveur du vin en examinant son dépôt, les vins sains ne contenant que de la levure.

Toute systématisation doit être bannie de la Science ; les solutions trop simples sont exceptionnelles, et surtout chaque question doit être examinée comme si elle était nouvelle, sans *a priori.* A défaut, on risque de faire des fautes et de passer à côté de découvertes majeures. C'est ce qui arriva à Pasteur à propos de la fermentation malo-lactique due à des bactéries. Tant que cette fermentation n'est pas terminée, il y a, il doit y avoir des bactéries dans le vin. Puis, lorsqu'elle est accomplie, le précepte *« pas de bactéries dans le vin »* prend toute sa valeur. Les vignerons avaient dit à Pasteur qu'au moment où fleurit la vigne, vers le 15 juin dans le Jura, et également au mois d'août lorsque le raisin commence à mûrir, le vin est au travail ; depuis la nuit des temps, on pensait d'ailleurs qu'il existait une relation entre la vie du vin et celle de la vigne. Comme d'autres, les vignerons arboisiens avaient observé la fermentation malo-lactique. Cependant, Pasteur fut incapable d'interpréter les faits. D'après lui, la reprise de la fermentation venait de ce que la température des caves commençait à augmenter à cette saison. Cela aurait pu être une explication quand on sait le rôle que joue la température sur la croissance des microorganismes. Mais ce n'était pas le cas. Avec son microscope, Pasteur avait bien observé des *« animalcules »* différents de la levure normale, mais il ne sut pas interpréter son observation. Obnubilé par le précepte *« pas de bactéries dans le vin »*, qu'il avait érigé en dogme puisque, d'après lui, les bactéries n'apparaissaient que dans les vins *« afiés »*, il avait fait rentrer dans son cadre conceptuel ces cellules, nouvelles pour lui, en les baptisant *« petites levures filiformes »*. Or, c'était faux : il s'agissait de bactéries. Sur ce point, l'opinion condescendante du journaliste scientifique Victor Meunier exprimée dans *Le Siècle* du 31 mars 1861*: M. Pasteur, étant chimiste, l'insuffisance du travail physiologique qui nous occupe ne saurait nuire à sa renommée, fondée sur des travaux d'un autre genre. Mais s'il doit continuer les études sur lesquelles il vient de débuter, il lui faudra s'assurer le concours d'un micrographe et d'un logicien*, était en partie fondée. Pasteur avait mal observé et il avait omis de considérer que le vin en devenir n'est pas du vin fait et que l'un et l'autre sont deux milieux bien différents.

Voici un exemple d'erreur où peut conduire le dogmatisme scientifique. Pasteur fit d'autres fautes, je dirai : heureusement, car il n'était pas un surhomme, mais il vit les choses généralement mieux que ses confrères. Cela fit son succès. Ainsi en est-il toujours dans la Science. Au reste, il avait des excuses vu l'état des connaissances et surtout des techniques microbiologiques, en réalité à peu près inexistantes du moment. Il n'en reste pas moins, que, grâce à sa collaboration exemplaire avec vos ancêtres, il fonda l'œnologie scientifique et suggéra des solutions à nombre de problèmes qui se posaient, méritant ainsi la reconnaissance de la profession vigneronne entière. Ensuite, il fit passer ses découvertes du *dzi montignois* au *tastevin bourguignon*, via le Clos de Vougeot, et de là à tout le vignoble français, un peu à l'image des cercles concentriques que fait le choc d'une pierre dans l'eau.

C'était d'ailleurs ainsi qu'il concevait l'amour du pays, de son pays comtois d'abord : *On commence par l'amour de la famille, on continue par l'amour du clocher, puis par l'amour de la province, et enfin par l'amour de la patrie tout entière*, proclama-t-il dans son toast du dîner de l'association jurassienne *Les Gaudes*, à Paris, le 29 mars 1883. Certes, ses travaux servirent surtout aux grands crus marchands de Bourgogne et de Bordeaux, mais ce fut son amour du clocher qui lui fit écrire dans ses notes inédites : *L'eau ajoutée même en petite quantité au Bordeaux ou au Bourgogne détruit aussitôt le goût vineux de ces vins. Au contraire, même ajoutée en grande quantité au vin d'Arbois, c'est toujours du vin.* Ce qui n'était évidemment pas une invite à mouiller vos vins, mais plutôt un compliment orgueilleux à la qualité vineuse des vins d'Arbois, ceux de son pays.

Les cercles concentriques eurent un autre effet au niveau national. En 1864, il y avait un brasseur à Arbois. On brassait en tonneaux. Les arboisiens avaient bien le droit eux aussi de boire de la bière quand il faisait chaud l'été. Mais ce brasseur avait naturellement sa vigne et produisait son vin. Ce faisant, sa production n'était pas plus à l'abri des maladies que celle des autres. Je vous ai dit que Pasteur multipliait les examens microscopiques des vins de tous les vignerons de la région. Le brasseur voulut aussi lui montrer les siens à moins que ce fût l'inverse. Peu importe. Ce qui est certain, c'est que, de fil en aiguille, le brasseur se souvint que sa bière devenait parfois « *aflée* » aussi. Il la soumit à l'examen de Pasteur qui trouva dans les bières gâtées des microorganismes qui n'auraient pas dû s'y trouver. On est donc assuré que l'idée des recherches sur les maladies de la bière, que Pasteur conduisit après la guerre de 1870-1871, lui vint de ses observations chez le brasseur d'Arbois.

Plus largement, on observe une évidente logique entre ses travaux, depuis ceux que Pasteur fit sur les cristaux, avec la découverte fondamentale de l'isomérie optique (n'oublions pas que le tartre et les tartrates ont quelque chose à voir aussi avec le vin !) jusqu'à la théorie microbienne de la maladie et aux vaccinations.

J'ai rappelé au début que les recherches de Pasteur sur les maladies des vins avaient eu un rôle charnière dans son œuvre et, *ipso facto*, dans la progression de la science. Dans une note inédite que Pasteur-Vallery-Radot, petit-fils de Pasteur, publia en partie dans les *Œuvres complètes* de celui-ci, le savant, qui réfléchissait au livre qu'il aurait désiré composer sur les maladies contagieuses, mais qu'il ne rédigea jamais faute de compétence suffisante car la bactériologie médicale avait progressé de manière fulgurante avec l'Allemand Robert Koch principalement, Pasteur donc écrivit ces lignes : *Ne pas oublier d'insister dans l'ouvrage sur ce que la médecine a dû être entraînée dans les voies nouvelles 1- par les faits sur la putréfaction de 1863 (voyez la coïncidence des dates) - 2- par le fait de la fermentation butyrique par un vibrion et par un vibrion vivant sans air* (c'était la découverte de la vie anaérobie, l'une des plus grandes de Pasteur), *et par mes Notes sur les maladies des vins dès 1864 ; maladies des vins et organismes. Quel élan cela dut donner aux esprits, ne fût-ce que par le rapprochement de ces mots maladies et organismes microscopiques.* Les recherches sur les maladies des vers à soie sont citées seulement au titre de la contagion, qui commençait à être bien connue aussi. De toute évidence, Pasteur considérait que sa marche vers la théorie microbienne de la maladie était directement issue de ses travaux sur les vins, ce qui était en partie vrai.

Les cercles concentriques partis d'Arbois influencèrent donc d'une manière non négligeable l'amélioration de la vie et de la condition humaine dans le monde entier. Au départ, il y avait eu la collaboration exemplaire de Pasteur et des vignerons arboisiens. Chers amis, vous pouvez donc être fiers de vos aïeux et de votre pays !

Fête du Ploussard à Pupillin (20 août 1995)

Chers amis vignerons,

Mesdames, Messieurs,

Au pays des Bourguignons, ceux de la Bourgogne-Bourgogne, on fête la Saint-Vincent tournante dans un village qui change chaque année, pour demander au Bon Dieu, par l'intercession de son serviteur Vincent, que les récoltes à venir soient bonnes. Au pays des Bourguignons, de ceux qui restèrent après que Louis XI fut passé par là, c'est-à-dire les gens du Comté de Bourgogne, les Comtois si vous voulez, et donc au pays de Pasteur, il y a, dirai-je, les *« cépages tournants »*. En alternant les années, on célèbre la Création dans ce qu'elle a de meilleur, c'est-à-dire les principaux cépages *qui font le bon vin*, comme on disait au Parlement de Besançon en 1731. Certains magistrats de cette illustre phalange avaient même leurs vignes à Arbois et aux alentours.

Dans son ouvrage sur les vins du Jura, Joseph Girard raconte malicieusement qu'un adage prétend : *Arbois le nom, Pupillin le bon*, ce qui se dit aussi de Château-Chalon et de Ménétru-le-Vignoble, soit dit en passant. Je n'entrerai pas dans cette discussion quasiment philosophique, sinon pour reconnaître avec l'auteur que, dans le vignoble arboisien, les sols de Pupillin sont les terrains d'élection du Ploussard, tandis que le Trousseau réussit mieux dans les parages de Montigny et que les vins de Pupillin apportent une note particulière à la symphonie. Quoi qu'il en soit, Trousseau ou Ploussard, c'est la même excellence et c'est un privilège pour moi de m'exprimer aujourd'hui à Pupillin pour fêter votre cépage après l'avoir fait en 1994 à Montigny-les-Arsures pour le Trousseau, sans oublier Arbois en mai dernier. Comme on dit en Bourgogne voisine, ce sont mes *« trois glorieuses »* ! Ainsi, en deux ans, nous aurons célébré ensemble deux des trois cépages nobles du vignoble arboisien : croyez-moi sensible à l'amitié que vous m'exprimez et à l'honneur que vous me faites.

Pays d'Arbois, pays de Pasteur ! Notre compatriote eût aimé une fête comme celle du Ploussard pour deux raisons au moins. La première est que cette célébration des fruits de la Terre aurait représenté pour lui un rappel de *la sublime intelligence nécessaire à l'harmonie de l'univers*, comme disait Joseph Droz, moraliste d'origine bisontine, devenu académicien français, que Pasteur connut lorsqu'il était élève au collège royal de Besançon. Droz fut tellement son maître à penser qu'à son Jubilé en 1892, le savant cita textuellement dans son discours, cette phrase du philosophe : *Que les efforts soient plus ou moins favorisés dans la vie, il faut, quand on approche du grand but, être en droit de se dire : J'ai fait ce que j'ai pu.* Pasteur, dont l'idée de l'Infini était très conforme à l'esprit des Lumières, dont Joseph Droz participait, pensait que l'existence d'un Grand Architecte de l'Univers était plausible. Ses recherches le faisaient tendre vers cette idée, mais il ne croyait pas pour autant à la nécessité d'une religion. Ce fut donc une erreur de faire de lui un savant chrétien.

La seconde raison tenait à ce que Pasteur descendait de lignées de paysans, jardiniers et vignerons et qu'à ce titre, il était conscient de l'importance de la tradition multi-séculaire des hommes de métier, comme de l'expérience inégalable qu'ils accumulèrent. Il le montra à propos des maladies des vins, des vers à soie et de la bière. Avec le physiologiste Claude Bernard, il introduisit la méthode expérimentale de la manière la plus rigoureuse dans les Sciences naturelles, biologiques dirions-nous aujourd'hui. Cependant, il n'en jugeait pas moins indispensable de profiter de l'expérience des gens de métier. L'an dernier, à Montigny, j'ai donné des exemples de son enquête auprès de ses amis vignerons en 1863. Je n'y reviendrai pas. Par contre, je citerai aujourd'hui un extrait d'une lettre inédite que Pasteur adressa vers 1860 à un correspondant arboisien, sans doute l'avocat Célestin Guyétant. Afin d'avoir l'assentiment du jeune savant (Pasteur avait moins de trente-huit ans), ce correspondant lui avait fait part de critiques dédaigneuses à l'encontre des techniques vinicoles ancestrales, responsables selon lui des maladies qui rendaient souvent imbuvables les vins à Arbois et dans le reste de la France. Pensant peut-être se faire valoir auprès d'un compatriote dont la renommée montait, Guyétant lui avait soumis des palliatifs basés sur une vague expérimentation, des remèdes de bonne femme dirions-nous. Pasteur remit cet amateur à sa place avec politesse, mais fermement et non sans ironie. Sa réponse, digne d'un savant plus ancien et plus confirmé, est un modèle. Je vous en lis le paragraphe principal : *On fait encore le vin d'Arbois, dites-vous, comme on le faisait il y a cinq ou six siècles, et ces antiques procédés le rendraient sujet à certaines maladies*. (Mais) *gagnerait-on à changer les vieux usages ? Par exemple, on n'égrappe pas ailleurs. Essayons aussi de ne pas égrapper* (dites-vous). *O merveille, voilà la solution à suivre. Mais pourquoi condamner à l'avance cette vieille expérience de plusieurs siècles ? Je vous avoue que pour me former une opinion sur la question de l'égrappage, je voudrais tenter d'abord une foule d'essais bien conduits pendant plusieurs années. A quelle conclusion serais-je amené ? Je l'ignore, vous également. Jusque-là je serai porté de croire que si l'on n'égrappe pas à Arbois, c'est pour des motifs légitimes. N'est-il pas vraisemblable que dans l'espace de plusieurs siècles, bien des essais aient été pratiqués. Jusqu'à ce que l'expérience longtemps poursuivie ait prononcé, soyons circonspect et réservons toute opinion. Qui sait si l'égrappage n'a pas pour but de donner à nos vins des propriétés qu'ils perdraient si l'on n'égrappait pas, tout en acquérant celle de se mieux garder*. La phrase : *Jusqu'à ce que l'expérience longtemps poursuivie ait prononcé, soyons circonspect et réservons toute opinion*, est évidemment essentielle.

C'est à nous les savants, continuait Pasteur en substance, qu'il appartient de tenter d'expliquer des pratiques que la routine a consacrées. Notre compatriote ne voulait pas dire que la haute science, la science théorique, devait prendre le pas sur tout, ni que la tradition était à rejeter en bloc. Pour lui, elle devait simplement être confortée ou infirmée par l'expérience, la méthode expérimentale s'imposant pour vérifier et améliorer les techniques traditionnelles ou pour en corriger les résultats. Les temps ont changé ; si l'homme tâtonna pendant des millénaires pour arriver à l'exploitation la plus satisfaisante possible des ressources de la planète, les lumières de la Science feront désormais que cette exploitation deviendra rationnelle et efficace : *Je ne sais quelle a pu être la part du hasard dans la naissance des arts industriels à l'origine des sociétés lorsque l'homme s'est montré nu et sans défense à la surface de la terre, alors qu'il ignorait l'extraction et l'usage des métaux, la fabrication du verre, des poteries*, etc, écrivait Pasteur en 1871. *Mais ce qui est certain, c'est que, de nos jours, le hasard ne favorise l'invention que pour les esprits préparés aux découvertes par de patientes études et de persévérants efforts*. Autre phrase essentielle, que va suivre une troisième tout aussi importante.

Pour Pasteur, les lumières de la Science allaient permettre, grâce aux applications qui découleraient des découvertes à venir, de rendre les choses rationnelles et de progresser tant au plan du bien être qu'à celui de la morale universelle ; c'était l'utopie scientiste. Mais tout se tient et, ajoutait-il, *il n'existe pas une catégorie de sciences auxquelles on puisse donner le nom de sciences appliquées. Il y a la Science et les applications de la Science, liées entre elles comme le fruit à l'arbre qui l'a porté*. Que cette phrase est belle ! Comment mieux dire les choses ? Ainsi sommes-nous revenus à notre point de départ, c'est-à-dire à l'homme de métier.

L'intrusion de la Science dans les faits de l'artisanat traditionnel, nécessaire à la vie courante, impliquait à court terme une évolution des techniques utilisées depuis toujours. Il s'ensuivrait certainement une augmentation de la qualité des produits et des revenus des producteurs, profitable à tous. Mais, pour réussir, il fallait développer un enseignement de qualité à tous les niveaux (*L'enseignement élémentaire ne peut porter d'heureux fruits que s'il est animé du souffle d'un grand enseignement national*, a écrit Pasteur ; c'était un peu du Lakanal). Or, l'homogénéité des enseignements était nécessaire jusqu'au Supérieur. Il ne fallait pas non plus sacrifier l'enseignement professionnel, car il était indispensable de disposer de bons ouvriers, de bons techniciens pour faire passer dans la pratique les découvertes des savants, d'où la double nécessité d'un enseignement technique de qualité et de l'apprentissage. Dans une note à Victor Duruy, le grand ministre de l'Instruction Publique de la fin du Second Empire, on trouve une autre phrase clé de Pasteur : *A côté des applications de la science, il y a le métier représenté par l'ouvrier plus ou moins habile. L'enseignement du métier est l'apprentissage*. Le savant pensa même à une agrégation de sciences appliquées (nous dirions technique) comme il en existait déjà en Sciences physiques et naturelles, celle qu'il obtint lui-même. Enfin, il estimait que *tout agrégé de sciences physiques et naturelles qui se verrait conduit par le désir d'améliorer sa position* (ou) *à prouver, dans un concours public, qu'il est capable d'enseigner la chimie élémentaire en y joignant un certain nombre de leçons sur l'application de cette science à la teinture, serait bientôt en mesure de s'élever à ce niveau.* Pasteur a bien écrit : *« s'élever »*. Dans son esprit, l'enseignement des sciences appliquées au secondaire était synonyme de promotion ; les personnels enseignants des lycées techniques peuvent prendre Pasteur comme porte-drapeau.

Dans la lettre dont j'ai fait état plus haut, Pasteur traça pour Guyétant ce que serait sa méthode s'il étudiait un jour les graves maladies qui menaçaient la production de vin française. Vous savez qu'il eut à l'appliquer peu d'années après, puisque le gouvernement le chargea de cette mission en 1863. Son premier soin fut alors de se renseigner auprès des vignerons sur leurs pratiques séculaires. Je suppose que ceux de Pupillin furent sollicités au même titre que ceux d'Arbois, bien que cela apparaisse peu dans les notes inédites du savant. Il est vrai qu'il s'adressa préférentiellement à son père, à ses voisins d'en face, les Vercel, et à ses anciens camarades de classe, ce qui était le plus facile pour lui. Au niveau de la vigne, ce fut autre chose, car Pasteur se mit à travailler simultanément sur les différents cépages du vignoble. Dans son livre sur les maladies des vins, on le voit citer, comme un palmarès, ceux que l'on trouvait en ce pays : Melon, Naturé, Valet noir, Enfariné, Savagnin, Chardonnay, exceptionnellement Gamay ou *« Pineau plant de Bourgogne »*, et bien entendu le Ploussard et le Trousseau. Un livre est une synthèse. Le Ploussard apparaît donc sans excès, dirai-je. Pour en savoir plus, je suis allé consulter les cahiers de laboratoire du savant.

En premier lieu, j'ai demandé à Pasteur son avis sur les deux termes *« Poulsard »* et *« Ploussard »*, parce que j'avais reçu des reproches pour avoir malencontreusement ou peut-être malicieusement, choisissez, employé un jour en pays arboisien le premier au lieu du second. Je savais que Pasteur avait utilisé généralement le mot *« Ploussard »* dans son livre sur les maladies des vins, mais son petit-fils Pasteur-Vallery-Radot usa de celui de *« Poulsard »* dans les notes qu'il ajouta à la réédition des *Œuvres complètes* de son grand-père. Que dire ? Comme tout scientifique, sans preuve formelle, je conservais un doute. Or, qu'ai-je constaté dans les cahiers de Pasteur les plus essentiels pour la région arboisienne, ceux de 1863-1864 ? Eh bien, au début, je trouvai quelques *« Poulsard »* certes, mais mon triomphe fut de courte durée car il n'y avait plus ensuite que des *« Ploussard »*, à une exception près de 1867, vite corrigée une ligne plus bas. J'avoue donc humblement mon tort. Chers amis vignerons de Pupillin, le Ploussard a eu l'onction de Pasteur. C'est le meilleur compliment que l'on puisse faire à votre cépage favori.

J'ai examiné ensuite le nombre de fois où le mot Ploussard revient dans les observations et les expériences de Pasteur à propos des vins. C'est très souvent ; il y a même une floraison de Ploussard. Voici quelques exemples. Dès le 7 septembre 1863, à peine arrivé à Arbois, Pasteur parle de sa récolte de *« Poulsard »* sans mélange. Huit jours plus tard, il cite le vin des Arsures du notaire Chauvin, d'Arbois, vin composé de Ploussard mêlé de quelques Trousseau. Le 9 septembre, il se lance dans une étude sur la maturation du Ploussard, puis sur la fermentation du marc de Ploussard encore. Plus tard, il va récolter à la vigne un *« griolet »* de Ploussard, etc… Sauf pour les Arsures, Pasteur ne mentionne jamais les origines de ses Ploussard, car c'était probablement une évidence pour lui, comme pour tout le monde ici, puisque la côte de la Feule et la partie voisine des vignes arboisiennes sont les sols d'élection de ce cépage noble, comme ceux de Montigny pour le Trousseau. Par contre, pour les récoltes d'autres cépages provenant de votre village, comme par exemple *un panier de Valet noir acheté à une fille qui vient de Pupillin*, ou un blanc mousseux doux de *« Naturé »*, qui en était aussi, Pasteur cite nommément les origines parce que ces cépages étaient largement répandus. Pour lui, encore une fois, Ploussard était donc bien synonyme de Pupillin. Enfin, ses notes inédites de laboratoire donnent l'impression que ce fut son cépage favori.

Pasteur n'expérimenta guère qu'ici sur des cépages séparés. Cela lui était facile parce qu'il était du pays et qu'il y avait sa maison et ses amis, mais il faut préciser en outre que, dans la région arboisienne, son travail lui fut permis par la belle variété des sols et des plants que l'on y trouve. En Bourgogne, en Orléanais ou en Bordelais par contre, il ne travailla que sur les vins faits qu'on lui présentait. Comme pour d'autres aspects de l'œuvre de Pasteur, il resterait à reprendre et à publier certaines de ces observations inédites sur les cépages arboisiens.

Enfin, il n'est pas jusqu'aux expériences sur les générations dites spontanées et sur l'origine des levures, où le cépage noble qu'est le Ploussard n'ait eu sa place. Lorsqu'en 1878, le chimiste Marcellin Berthelot se fit un malin plaisir de publier des notes préliminaires et posthumes de Claude Bernard où celui-ci militait vaguement pour les générations spontanées, notre compatriote se lança dans une réfutation vigoureuse de ces idées. Claude Bernard et Pasteur avaient chacun en partie raison, comme la science le montra avant la fin de leur siècle, mais ce n'est pas notre sujet aujourd'hui. Retenons seulement que, pour annihiler les arguments du physiologiste, Pasteur expérimenta dans sa vigne de Rosières, où il enferma des plants dans de petites serres construites à cet effet, afin qu'ils soient à l'abri des perturbations extérieures : pluie, grêle, prédateurs animaux, vent et toutes les particules inertes ou vivantes que ce dernier apporte avec lui. Des grappes de chaque plant y furent enveloppées dans du coton stérilisé, d'autres non. Le savant montra ensuite que le jus des grappes *« encotonnées »* ne fermentait pas, au contraire de celui des grappes restées à l'air libre. Les cellules de levure avaient donc bien une origine saisonnière, extérieure au suc même du raisin, au contraire de ce que prétendaient les tenants des générations spontanées. Ce succès fut partagé entre trois cépages, dont le Ploussard. A la date du 14 août 1878 en effet, dans le cahier de laboratoire de Pasteur, on trouve le dessin de l'emplacement des serres dans la vigne de Rosières et l'on constate qu'il y avait une serre pour un plant de Trousseau, une autre avec un Trousseau encore et un Melon ensemble, une troisième enfin avec un plant de Ploussard seul.

Le cépage de Pupillin et les vignes arboisiennes en général eurent donc une place de choix dans les expériences les plus fondamentales de notre compatriote, celles qui marquèrent la Science et la vie des hommes d'aujourd'hui. Lors de la séance solennelle que l'Académie des Sciences, Belles-lettres et Arts de Besançon et Franche-Comté consacra à Pasteur le 14 juin dernier (1995), M. le professeur Paul Germain, Secrétaire perpétuel de l'Académie des Sciences, venu spécialement de Paris, indiqua fort justement que, pour l'ensemble de son œuvre, Pasteur était l'un des cinq plus grands savants que le Monde avait comptés jusque-là. Malheureusement, la mémoire collective ne se souvient guère que de l'œuvre dite médicale du savant.

Celui-ci montra d'ailleurs lui-même l'évidente logique de ses travaux, depuis les cristaux de tartrate jusqu'à la théorie microbienne de la maladie infectieuse et les vaccinations. Aussi essentiels qu'ils furent, ces derniers acquits n'étaient que le couronnement de ses recherches. En revanche, il est beaucoup moins connu que les travaux de Pasteur aboutirent d'abord à de remarquables résultats au niveau d'applications concernant le vin, la bière, la production de soie. Plus largement, ils sont à l'origine des concepts industriels modernes à dominante biologique, puisque Pasteur établit les bases de l'œnologie et de la science brassicole, en même temps que celles de la Microbiologie. Ce faisant, ses recherches ouvrirent des voies multiples au progrès, dont certaines n'ont sans doute pas encore été explorées, sinon ouvertes. Par ailleurs, ses vues sur les levures, les techniques de stérilisation de la bière, l'hygiène industrielle, etc..., restent valables. En matière vinicole enfin, puisque nous sommes, ô combien, en pays de vigne et de vin, le but reste le même que celui fixé par Pasteur il y a 130 ans : fabriquer un produit doué des meilleures qualités et apte au transport et à la conservation.

Pasteur sut aussi être l'homme des interfaces. Sa découverte de l'origine des levures qui font le vin et les bactéries qui l'altèrent en est le meilleur exemple, alors que sa formation et ses premières recherches avaient été à dominante chimique. A son époque en effet, les divisions entre les spécialités étaient moins hermétiques que de nos jours ; néanmoins, on sut bien lui reprocher de ne pas être biologiste lorsqu'il se présenta pour un fauteuil à l'Académie des Sciences dans la section de Botanique !

Enfin, comme je l'ai indiqué l'an dernier à Montigny, les études vinicoles de Pasteur jouèrent un rôle-clé dans l'évolution de la Médecine puisque, à partir de 1866, elles l'amenèrent à faire l'analogie entre les maladies des vins et plus tard celles de la bière, avec les maladies infectieuses de l'homme et des animaux. Il ne fut pas le seul, certes, et l'Allemand Robert Koch fut son égal. Cependant, ce fut bien lui qui fournit des bases théoriques solides aux nouvelles idées sur l'infection. Ce fut ainsi que, prosaïquement, ces progrès fondamentaux pour la vie des hommes passèrent par des travaux préalables sur les boissons fermentées. Finalement, c'est l'universalité des travaux de Pasteur qui ressort de la façon la plus évidente de ses travaux et qui fait encore aujourd'hui leur actualité. Cela le restera d'ailleurs longtemps, quels que soient les procès tendancieux et rétrospectifs que font au savant certains historiens des sciences ou présumés tels. En matière de recherche scientifique, celui qui arrive le premier à la synthèse, honnêtement s'entend, ce qui fut le cas de Pasteur, est le meilleur. Il n'y a rien d'autre à dire.

Pour conclure dans cette belle ambiance de la fête du Ploussard à Pupillin, nous retiendrons que si Pasteur fut universel, il trouva le fondement le plus important de son universalité dans l'expérience des hommes de métier. Fils de Dole et d'Arbois, il fut le digne descendant de lignées immémoriales d'artisans durs au travail, et surtout de paysans et de vignerons laborieux et libres de leurs productions et de leurs terres, loin des accords internationaux contraignants actuels, dont on sait combien ils sont mortifères pour la paysannerie et sa riche civilisation. Homme libre et ardent à la tâche comme l'étaient ses ancêtres, il sut faire rendre au centuple les trésors immatériels qu'il avait reçus d'eux, en utilisant les instruments de la nature arboisienne : le vignoble d'Arbois, dont évidemment celui de Pupillin ; ses cépages, le Ploussard en premier lieu ; la collaboration des éleveurs de vigne et de vin enfin, c'est-à-dire de vos ancêtres. C'est pourquoi, si Pasteur fut grand, les vignerons de ce pays détiennent chacun une parcelle de sa grandeur.

Un mot encore, sur un ton mi-badin, mi-sérieux. L'an dernier, à Montigny, nous avons pré-ouvert l'année Pasteur. Cette fois, à Pupillin, à un bon mois du 28 septembre 1995, centième anniversaire de la mort de notre compatriote, nous célébrons à Pupillin la pré-fermeture de cette année exceptionnelle. On le voit, les vignerons de la région d'Arbois restent les premiers en toutes choses !

Quoi qu'il en soit, pour nous tous, Pasteur est vivant. Depuis les grandes vacances de 1894, il n'est pas encore revenu dans sa chère terre arboisienne. Nous l'attendons ; il ne saurait tarder.

Continuités et ruptures dans l'œuvre de Pasteur (inauguration de l'exposition "Le savant et son temps. Diffusion de la pensée scientifique de Jean d'Alembert à Louis Pasteur", Bibliothèque Municipale de Dole, 16 septembre-28 octobre 1995)

"On dit, et voire est, que tout édifice est œuvré et maçonné l'une pierre après l'autre. Ainsi les sciences sont œuvrées de plusieurs clercs...". Ces lignes extraites des *Chroniques de France* de Froissard serrent la réalité au plus près lorsque l'on considère l'œuvre pasteurienne. Au contraire de la déesse Athéna-Minerve que la Mythologie fit sortir armée du crâne de son père Zeus-Jupiter, la science biologique contemporaine ne fut pas la création du seul Louis Pasteur. L'espèce de "déification" spécifiquement française de notre compatriote est d'autant plus regrettable que, depuis plusieurs années, elle suscite une réaction destructrice chez des historiens, philosophes ou sociologues français et étrangers. Passe pour le mythe. Ces attaques font preuve d'une absence évidente de perspective et d'une méconnaissance de la démarche du savant aux prises avec les problèmes techniques de son laboratoire, comme des véritables points forts de l'œuvre pasteurienne. De ce point de vue, et au contraire des idées régnantes, les aspects médicaux et les vaccinations, contre la rage notamment, sont des éléments relativement secondaires même s'ils sont les seuls à être véritablement "populaires" et, pour cette raison, "vendables".

Compte tenu de l'air du temps, la manière actuelle de juger Pasteur, propre à certains sociologues, est destinée à atteindre aussi la Science et la discipline qu'impose l'esprit scientifique : "Les "sciences" n'existent pas" ; "Il n'y a pas de théories" ; "Il n'y a jamais eu de déductions" ; "On ne pense pas, on n'a pas d'idées", etc..., sont quelques aphorismes de l'un d'eux. Après cela, il n'y a plus rien. En sapant la méthode scientifique, l'œuvre et les motivations des pionniers de la connaissance, en détruisant les aspirations scientistes propres aux sociétés avancées, on détruit en même temps celles-ci, ce qui est probablement le but non avoué de l'opération. Dès lors, on comprend que les deux questions principales posées par ces sociologues, véritables apôtres de l'anti-science, soient les suivantes : Pasteur s'est-il conformé au modèle du "grand savant" comme, disent-ils, le veulent ses hagiographes ? Ou ne fut-il qu'un mandarin abusif, utilisant ses pouvoirs institutionnels et des circonstances socialement déterminées pour promouvoir des conceptions arbitraires, amenant ainsi une "révolution pasteurienne", c'est-à-dire une modification de fond de la société, dont ses tenants profiteraient ? Posées en ces termes, ces interrogations se ramènent aux poncifs socio-culturels et politiques qui agitent nos sociétés depuis quelques décennies. Mais cela n'a rien à voir avec la Science, ni avec Pasteur, qui n'apparaît dans cette manœuvre que comme "un animal d'expérience " de choix parce que son œuvre est exceptionnelle et qu'il fit partie peu ou prou, de par ses fonctions, de "l'establishment bourgeois" de la seconde moitié du XIXème siècle, alors qu'il fut d'une certaine manière l'abbé Pierre de la Science. La position de ces sociologues est inacceptable de même qu'il est erroné de parler de "révolution pasteurienne" à l'égard de notre compatriote, car rarement une œuvre fut en pareille continuité avec ce qui l'a précédé. Cela peut constituer un sujet de discussion sociologique ou philosophique (si philosophie il y a en la matière), c'est tout.

En réalité, les choses furent plus simples. En premier lieu, la démarche de Pasteur fut logique, même si elle fut marquée d'inévitables fautes ou d'erreurs de jugement ou de raisonnement explicables par l'état de la Science et de la méthodologie du moment. Il est facile de juger la partie quand on en connaît le dénouement, *a fortiori* quand on n'en a jamais pratiqué les règles. C'est beaucoup plus difficile lorsque, selon la belle formule du savant allemand Ferdinand Cohn, contemporain de Pasteur, on se trouve devant le mur de l'inconnu, à l'image des savants au milieu du XIXème siècle et de Pasteur lui-même, et de nous tous d'ailleurs, car la technique a constamment ses limites, "dans la situation du voyageur qui erre en pays inconnu à l'heure du crépuscule, à ce moment où la lumière du jour ne suffit plus à distinguer les objets d'une façon nette et où ce voyageur a conscience que, malgré ses précautions, il ne pourra manquer de s'égarer en chemin". Il fallait pour s'en sortir un esprit bien fin et Pasteur le possédait.

Secondement, la démarche pasteurienne se situa dans la continuité des travaux de ses prédécesseurs. Il faut préciser que les véritables novateurs en matière scientifique sont extrêmement rares : Newton, Einstein, Louis de Broglie furent probablement de ceux-là. Ce ne fut certainement pas le cas de Pasteur, dont l'œuvre s'insère de manière parfaite dans la progression de la connaissance depuis la fin du XVIIème siècle ; il le revendiquait en quelque sorte si l'on considère la bibliographie de ses articles et de ses ouvrages. Cette continuité est doublement liée aux Lumières : à travers Jean-Baptiste Biot tout d'abord, probablement le seul vrai maître de Pasteur, par qui on remonte *via* une extraordinaire généalogie scientifique, à Laplace et à d'Alembert. Mais Charles Bonnet, Spallanzani, Lavoisier, qui inspirèrent directement Pasteur, furent aussi des figures marquantes des Lumières. La seule discontinuité apparente pourrait résider dans le fait bien connu que, chimiste, Pasteur travailla progressivement, puis exclusivement dans le domaine biologique, sans d'ailleurs que les sciences de la vie remplacent totalement la chimie dans ses préoccupations et dans son cœur. Mais l'interpénétration des disciplines était encore si complète et si harmonieuse à l'époque dorée pour la Science que constitua le milieu du XIXème siècle, en un mot le Siècle des Merveilles, que cette discontinuité n'est que formelle. Par contre, Pasteur innova en introduisant dans les sciences biologiques de son époque, mais en même temps que Claude Bernard, une méthode et un mode de raisonnement plus rigoureux, alors inconnus dans les sciences biologiques. Une séquence analogue, remontant aux Lumières, peut être décrite pour l'ami de Pasteur, Jules Marcou, géologue du Jura et des Amériques, et plus largement pour tous les savants de leur époque : quoi de plus naturel pour des gens nés dans les premières décennies du XIXème siècle ?

Si l'on voulait mettre à l'actif de Pasteur une rupture fondamentale dans la Science, il faudrait la rechercher à la fin de sa période de fécondité maximum, lorsqu'il conclut ses travaux sur les fermentations par la confirmation des résultats de ses prédécesseurs (principalement

Spallanzani) sur les générations dites spontanées. La continuité avec ses anciens dans la Science est évidente, mais sa démonstration définitive eut l'avantage de libérer les savants et de permettre des développements rapides en de nombreux domaines, notamment l'hygiène, l'épidémiologie, la lutte contre les maladies infectieuses et l'immunologie. Ici, ce fut "l'accident" qui fit la différence, comme cela arrive souvent dans le domaine expérimental. Pour saisir la signification de ce moment d'exception, il faut avoir "l'esprit préparé", selon l'expression de Pasteur lui-même, ce qui implique dans la majorité des cas, une filiation et une culture scientifiques de grande qualité, ainsi qu'un esprit d'analyse exceptionnel. C'est en cela que l'on peut parler non pas de rupture, mais plutôt de point d'inflexion dans une séquence évolutive qui fut l'affaire de la génération suivante. Après ses recherches sur le spontanisme, Pasteur entra en effet dans l'âge mûr, puis dans la vieillesse. Signe qui ne trompe pas, il ne rédigea plus d'ouvrage après celui sur la bière : son temps était passé. La suite fut l'œuvre de ses disciples qui avaient l'âge qu'il fallait pour accéder à leur tour au pays des merveilles et ce fut Emile Duclaux qui écrivit les livres auxquels son maître rêva, mais qu'il ne composa pas. Vers 1868, Jules Marcou, l'ami fidèle, jugeait d'ailleurs Pasteur trop vieux (il avait moins de 46 ans) pour être d'une quelconque utilité à l'Académie des Sciences !

Charles Péguy a écrit, je crois, qu'à douze ans, tout est dit de la vie d'un homme ; il en est de même à quarante ans de celle d'un savant. Au-delà, il ne crée plus et utilise ses acquis. Ce jugement peut paraître abrupt et "impie" concernant Pasteur ; il est le plus proche de la réalité de l'œuvre pasteurienne, comme celle de tous les savants, Einstein compris. Notre compatriote n'en est pas rapetissé pour autant puisqu'est mise en évidence ainsi la fécondité, depuis longtemps reconnue, de son école. La valeur d'un maître se mesure autant à sa capacité d'enseignement et de formation de la génération suivante, donc à assurer sa descendance scientifique (on reconnaît l'arbre à ses fruits), qu'au chef-d'œuvre qu'il fut capable d'élaborer en son temps.

L'exposition de la Bibliothèque Municipale classée de Dole présente à mes yeux un grand intérêt. Au contraire de bien des célébrations pasteuriennes d'avant-hier ou de demain, elle met en perspective l'apport central de Pasteur à la Science (son chef-d'œuvre), et je suis heureux qu'elle m'ait choisi pour l'accompagner dans sa démarche originale.

Vendange de la vigne de Pasteur à Arbois (6 septembre 2003)

Cher Henri Maire,

Chers amis vignerons d'un jour ou de toujours,

Henri-Auguste Maire m'a demandé de vous adresser quelques mots pour ces vendanges de la vigne de Pasteur 2003. Je le fais avec grand plaisir car nous savons tous que, si cette vigne historique existe encore, c'est à lui que nous le devons. Elle nous vaut, grâce à vous, cher ami, des retrouvailles annuelles amicales et attendues.

Cette année, nous pensions accueillir des représentants de l'association internationale des familles portant le patronyme de Pasteur en la personne d'Olivier Pasteur, son président. Retenu à Genève, il est représenté par ses deux piliers comtois, nos amis Martine Bellague et Jean-Marie Gallois, dont le premier ouvrage sur la généalogie des Pasteur en général est une œuvre d'une ampleur exceptionnelle, et par moi-même. Comme président d'honneur de l'association, je suis heureux de vous accueillir, cher Henri Maire, comme membre d'honneur, bien petit hommage, mais certainement plus que mérité, à un homme qui œuvre depuis toujours à maintenir et honorer la mémoire du grand savant comtois.

En second lieu, je souhaite souligner la présence du professeur Dimitri Karamata, professeur émérite de Microbiologie à l'Université de Lausanne, avec qui je collabore depuis longtemps. Dimitri est un grand nom de notre science et il fait partie de la belle équipe de microbiologistes helvétiques parmi lesquels se sont recrutés maints prix Nobel. Enfin, notre ami commun, à Henri Maire et moi, Michel Cointat, ancien ministre de l'Agriculture, ancien ministre du Commerce extérieur et ancien président de l'Académie d'Agriculture de France, me prie de dire son regret de ne pouvoir se joindre à nous ce matin ; il m'a demandé de faire part à tous de ses amitiés viticoles, puisqu'il est lui-même propriétaire-vigneron dans le Midi.

Je me suis lancé dans une réédition du *Théâtre d'Agriculture* d'Olivier de Serres, cet agronome parpaillot qui fut au seizième siècle, le maître du Pradel, son beau domaine ardéchois. Fin mai dernier, j'ai participé à l'assemblée générale de l'Institut qui porte son nom. Si deux grands hommes illustrèrent l'agriculture française, ce furent bien eux.

Les points communs sont nombreux entre ces deux hommes. L'agronome du seizième siècle et le savant du dix-neuvième se rejoignent dans le temps. La vigne est toujours à l'honneur au Pradel. A mon passage, j'y ai acheté de l'excellent vin. Une étude comparée avec celui de la vigne de Pasteur n'aurait pas de sens. En revanche, ce qu'il faut dire, c'est qu'Olivier de Serres comptait le *bonum vinum* comme le second aliment (le pain étant le premier), nécessaire à l'homme et donné par le Créateur pour l'*entretenement* (l'entretien) de la vie, mais le premier célébré pour son excellence.

Trois siècles après, Pasteur écrivait que le vin est la plus hygiénique des boissons. Dans son livre, Olivier de Serres chante la louange du vin, prêche ses vertus, ce sont ses termes, et énumère les trois principales catégories de vins qu'il reconnaissait comme les meilleurs en France, le muscat excepté : les blancs, avec ceux d'Orléans, d'Anjou et de Beaune, ceux qu'il nomme les *friants vins clérets*, avec ceux de Villeneuve-de-Berg, sa patrie, de Bordeaux et *d'Arbois* !!! Venaient ensuite et seulement les vins de Bourgogne et de Provence. Le commandant Grand aimait dire qu'Henri IV, dont je ne sais pas s'il faut rappeler la mémoire en ce pays tellement il y a perpétré de destructions, appréciait le vin d'Arbois.

D'Olivier de Serres à Pasteur, il n'y a qu'un pas à faire : par les vins et par les vers à soie. Le premier, agriculteur et vigneron, fut aussi celui qui implanta à un niveau industriel pour l'époque, l'éducation des vers à soie en France et permit *ipso facto* le développement de la fabrication de la soie. Trois siècles après, Pasteur pérennisa son œuvre (pour peu de temps, mais il n'y fut pour rien : seules les conditions économiques jouèrent un rôle) en élaborant les méthodes qui permirent de guérir les éducations de vers à soie des maladies qui les décimaient.

Aujourd'hui et en ce lieu, un point est à souligner : si Pasteur réussit à protéger les magnaneries, ce fut grâce aux avancées de ses travaux sur les maladies des vins qu'il mena en partie sur des ceps de la vigne, exactement là où nous sommes, et qui constituèrent l'un des premiers maillons de la chaîne qui conduisit à la théorie microbienne de la maladie. Certes, Pasteur ne fut pas seul dans le domaine de la microbiologie médicale débutante. A partir de 1861, Casimir Davaine fut même le premier à tirer les conséquences médicales des phénomènes de la fermentation décrits par notre compatriote en 1857 dans son *Mémoire sur la fermentation appelée lactique*, texte fondateur de la Microbiologie, et à y voir la base de l'explication de l'origine des maladies infectieuses. Cependant, tout le monde reconnut dès cette époque que Pasteur avait tiré le fil d'Ariane en mettant à bas le dogme aristotélicien des générations spontanées. Pour les infectiologues que je suis, que nous sommes, c'est donc avec une grande émotion de se retrouver réunis en cet endroit historique.

Olivier de Serres apportait une grande attention aux produits de la vacherie, c'est-à-dire au lait, au beurre et aux *fourmages*, comme on disait. Il citait essentiellement le Brie parmi les fourmages français. *Quant aux fourmages que par délicatesse on apporte en ce royaume,* écrivait-il, *ceux de Milan et de Turquie tiennent le premier rang, en après ceux de Suisse et de Hollande*. Le fromage de Suisse était évidemment le gruyère, qui paraît avoir été l'un de ses favoris, comme pour Pasteur d'ailleurs, qui en était friand et qui s'en faisait livrer à Strasbourg depuis Arbois, par meules entières que lui envoyait son père Jean-Joseph. Il en cédait une partie à son beau-frère et à sa belle-sœur Loir. Rendu, ce fromage lui revenait à soixante-quinze centimes le kilogramme, contre un franc acheté à Strasbourg !

A propos de la laiterie, apparaît une autre convergence remarquable entre Olivier de Serres et Pasteur, la propreté, essentielle à leurs yeux : les servantes qui maniaient les *vazes* où séjourne le beurre, écrivait Olivier de Serres, devaient avoir les bras retroussés et les mains bien lavées ; près de trois cents ans plus tard, la même obligation fut faite aux sœurs-infirmières (il fallut obtenir pour cela une dérogation du Vatican !) engagées par les docteurs Emile Roux et Louis Martin à la création de l'Hôpital Pasteur à

Paris, il y a un siècle, hôpital modèle qui vient d'être fermé pour de mauvaises raisons.

Pour la mesme cause, écrivait Olivier de Serres, *curieusement* (c'est-à-dire avec soin) *aussi lavera et fourbira-t-on tous les jours, les vaisseaux et ustensiles, esquels et le laict et les fourmages, séjournent. Voire est nécessaire, que les servantes lavent bien les mains, avant que toucher aux vaches pour en traire le laict, afin que rien de sale et mal net, ne s'en approche, l'une des principales observations de ce mesnage*. Il n'était pas jusqu'à la vendange pour laquelle Olivier de Serres recommandait aux vignerons d'avoir les pieds propres pour fouler les grappes : *La plus aisée manière de fouler les raisins en est par la fouloire mise sur la cuve, dans laquelle un homme à pieds nus et bien lavés, espraint* (écrase) *les raisins, dont le moût s'écoule dans la cuve*. Ces pratiques de propreté dataient des *Capitulaires* de Charlemagne : *Vous reconnaîtrez invariablement, qu'un usage quelconque, lorsqu'il est généralement suivi, est le fait d'une expérience raisonnée, qu'il y a quelque utilité à ne point s'en écarter*, écrivait Pasteur.

Ces conseils de propreté conduisirent Olivier de Serres à rédiger un paragraphe que ne renierait pas un industriel moderne : *La laicterie et fourmagerie seront tant nettement tenues, qu'aucune mauvaise senteur n'y séjourne, de peur de la communiquer au fourmage*, etc. C'était déjà le Pasteur de l'hygiène militante et nous ne sommes pas si loin de la pasteurisation, qui lui fut inspirée par Appert pour les vins, après ses propres recherches sur les générations dites spontanées.

Le 6 mai 1882, Pasteur était à Aubenas pour l'inauguration de la statue d'Olivier de Serres. Cette rencontre à trois siècles d'intervalle était symbolique. Elle fit se retrouver deux hommes de la terre qui illustrèrent leur pays et en apprécièrent les produits. A l'imitation de l'évêque de Mayence, dont le sermon est bien connu des habitués de la Finette, taverne d'Henri-Auguste Maire à Arbois, Olivier de Serres et Pasteur aimaient le bien manger et le bien boire : si le premier mouillait le vin des domestiques, lui-même buvait sec et du meilleur. Quant à Pasteur, il consommait un bon litre de vin par jour, ce qui était trop pour sa santé qui devint assez tôt flageolante. Olivier de Serres administrait son domaine et sa cave avec rigueur. Pasteur aussi. Edouard de Pomiane, connu sous ce nom quand il était gastronome, et sous celui d'Edouard Pozerski quand il œuvrait à l'Institut Pasteur (deux casquettes, un même homme), a recueilli de René Vallery-Radot, gendre de Pasteur, les habitudes gastronomiques et vineuses du savant. Pasteur se faisait livrer son vin d'Arbois par fûts et le faisait mettre en bouteilles par son préparateur Eugène Viala. A cette époque heureuse de l'Université, si loin de l'actuelle, les collaborateurs servaient à tout au service du maître du laboratoire. De nos jours, ce serait plutôt l'inverse. Pasteur faisait chauffer ses bouteilles pendant 20 minutes à 60°C dans des bassines d'eau, puis il les rangeait dans sa cave et les numérotait : une liste de ses flacons subsiste dans ses papiers à la Bibliothèque nationale, à Paris.

Ce bon chrétien d'Olivier de Serres, qui fut néanmoins l'un des acteurs de la *paupérisation salariale* (Emmanuel Le Roy Ladurie) en son siècle, était attentif à ne pas se laisser voler par ce qu'il nommait la lie du peuple. Pasteur qui, il l'a écrit en 1871 à Claude Bernard, se défiait *des hommes de peu de prix* (l'expression est aussi d'Olivier de Serres), acteurs en 1871 de ce que notre savant comtois appelait depuis Arbois, les *« Saturnales de Paris »*, Pasteur donc enrageait, c'est Edouard Pozerski qui l'a rapporté, quand une bouteille disparaissait de sa cave, car cela arriva, paraît-il. Il faut croire qu'il allait les vérifier souvent !

Petits côtés de deux grands hommes, surtout unis dans la Science et dans l'amour de leur patrie, car l'idée qu'Olivier de Serres en avait n'était pas floue du tout, quoi qu'on ait pu écrire sur ce sujet des gens de cette époque. En 1882, à Aubenas, Pasteur a défini avec beaucoup de bonheur la place et le rôle de l'agronome ardéchois dans l'histoire des hommes : *En élevant une statue à Olivier de Serres, l'illustre enfant du Vivarais, vous donnez à la France un noble exemple ; vous montrez à tous que vous avez le culte des grands hommes et des grandes choses qu'ils ont accomplies. Cela, c'est la semence féconde ; vous l'avez recueillie. Puisse vos fils la voir grandir et fructifier.*

Il était difficile de rendre au maître du Pradel un plus bel hommage. Il peut être rendu dans les mêmes termes à Pasteur, notre savant dolois, arboisien et comtois (on le voit : je n'oublie personne !). C'est pourquoi je suis heureux de le reprendre dans ce terroir qui fut à un moment donné l'un des hauts lieux de la Science, comme je l'ai rappelé déjà. Ici comme en d'autres endroits du finage arboisien, on n'oubliera pas que Pasteur fut guidé par les vignerons du pays, dont il utilisa et valorisa l'expérience séculaire. En coupant des grappes et en buvant du vin de cette vigne, pensons à eux, pensons à Pasteur. Tous, à leur place, qu'ils aient été des petites mains ou de grands esprits, furent des *acteurs de la Science*. Si la Biologie est arrivée là où elle est, n'oublions jamais que ce fut grâce à des gens de tous niveaux qui apportèrent leur pierre petite ou grosse et reconnaissons ainsi, avec Jean Rostand, *la dignité du plus humble effort, car il n'est point d'éclatante découverte qui n'ait été précédée d'obscures tentatives*.

Pour nous, qui nous nous sommes voués à la Science, pour la vie, c'est une leçon à la fois de grandeur et de modestie, d'espoir en l'homme, dans la nature qui nous entoure et dans leur Créateur, dirait Olivier de Serres, que nous venons chercher ici.

Merci à Pasteur de nous la dispenser et à Henri-Auguste Maire de nous l'offrir.

Apprendre Pasteur ? [1]

Le nom de Pasteur figure sur des plaques de rues ou de places dans toutes les villes françaises et dans beaucoup de villes étrangères. A Saigon ou à Hanoï, elles ne furent pas débaptisées par les communistes Vietnamiens, ce qui est un signe. Toutefois, si, de nos jours, ce patronyme inspire toujours un sentiment de respect, c'est surtout parce qu'il est inscrit au fronton de l'Institut mondialement connu que le public identifie à la lutte contre les maladies infectieuses et qui maintient le souvenir de son créateur dans la mémoire collective: le nom reste célèbre, mais, de nos jours, combien de gens savent encore qui fut l'homme, ce qu'il fit et même s'il exista? Un élément de réponse à cette dernière question me fut donné le 27 décembre 1983. J'étais en vacances de Noël à Besançon. Désireux de connaître l'heure de la cérémonie de l'anniversaire de la naissance de Pasteur, qui a lieu chaque année à sa Maison natale de Dole, je demandai le numéro de la maison aux renseignements téléphoniques de Dole même. La préposée, fort jeune d'après sa voix, ne connaissait apparemment ni l'existence de ce musée, ni de Pasteur lui-même puisqu'elle m'en demanda le… prénom. Je jouai le jeu. Après une rapide recherche, l'employée me dit qu'il n'y avait pas de Pasteur Louis, à Dole, mais que d'autres personnes répondaient à ce nom à telle ou telle adresse. Je suis persuadé que cette personne ne chercha pas à se jouer de moi, mais qu'elle n'avait vraiment jamais entendu parler

---

[1] *Article, non publié semble-t-il, qui avait été rédigé vers 1993-1994 pour la revue* Regards sur le Haut-Doubs. (NDE)

du savant, car il est loin le temps où Pasteur était présenté aux enfants par leurs instituteurs comme un génie et un modèle laïque et républicain. D'ailleurs, leur présente-t-on encore des modèles? Reste un nom. Mais que représente-t-il pour beaucoup? Si l'on questionnait l'ensemble de la population et plus encore les enfants des écoles, on irait au-devant d'une belle surprise, tant à propos de l'homme Pasteur que de son œuvre. La longue expérience que j'ai des étudiants suffit à me persuader qu'elle serait aussi saumâtre que celle que j'eus en 1983 avec la téléphoniste doloise.

Reste aussi l'hagiographie officielle qui est toujours là et qui se contente depuis un siècle de rabâcher les mêmes clichés, avec des motivations variées. Celle que proclamait Charles Nicolle dans son cours du Collège de France après son prix Nobel de Physiologie et de Médecine de 1928, n'est pas la moins courante; on peut la résumer ainsi: braves gens, vous devez faire confiance et laisser les savants opérer sans contrôle pour votre bien. On sait où cela mène du côté des chercheurs, médecins ou non, comme des politiques ou des gestionnaires.

Dès l'origine en tout cas, la célébration permanente et orientée de Pasteur fut telle qu'aucun savant français ne bénéficia d'un pareil traitement, pas même Marcelin Berthelot qui représenta pourtant un courant de pensée rationaliste devenu dominant à la fin du XIXème siècle. En 1985, la République française, Premier ministre en tête, dressait toujours la vieille statue pour célébrer le centenaire des premières vaccinations antirabiques, rendant hommage, écrivait en 1985 le *Nouvel Observateur*, "au plus illustre, au plus irréprochable de ses enfants, bienfaiteur de l'humanité et magnifique illustration des vertus de l'école laïque", termes que l'on entend constamment appliqués au même homme, car l'Etat a besoin de héros ou de saints laïcs, c'est-à-dire d'hommes du peuple qui se sont faits eux-mêmes. 1985 constitua une sorte d'apothéose car la vaccination (si imparfaite et si peu importante dans l'œuvre pasteurienne, de l'avis même de son élève et successeur Emile Duclaux) contre la rage est toujours mise en exergue parce qu'elle constitue toujours l'élément le plus populaire des travaux pasteuriens, celui qui rejoint la peur ancestrale des maladies infectieuses, les seules qui comptaient vraiment jusqu'à l'émergence des antibiotiques après la dernière guerre.

Pourtant, le point culminant des recherches de Pasteur est ailleurs et bien antérieur. Cette acmé, cette région haute des travaux pasteuriens, réside en réalité dans les expériences qui reléguèrent définitivement le mythe des générations spontanées dans la nuit antique et qui, point d'orgue de recherches fondamentales sur les cristaux et sur les fermentations, levèrent le dernier obstacle à la naissance définitive de la Microbiologie. Il en résulta d'immenses conséquences (positives ou négatives) pour la vie des hommes, dont on n'est pas près de voir le terme. Là est la réalité de l'œuvre de Pasteur; je l'ai rappelé à Dole le 27 décembre dernier. Connaître Pasteur, c'est s'abreuver à cette source-là, et c'est le moyen pour le citoyen de comprendre un peu mieux les voies de l'évolution du monde dans lequel il vit et que l'on se garde bien de lui expliquer. Partant, c'est lui apprendre à les mieux contrôler et c'est le rôle de l'école publique.

Devant cette exigence, alors que le centenaire de la mort de Pasteur approche (il aura lieu en septembre 1995), qu'en est-il des célébrations prévisibles et d'une nouvelle année commémorative, venant après celle de 1988-89 qui vit le centenaire de la création de l'Institut Pasteur? Les motivations que l'on peut connaître déjà sont diverses et paraissent conformes en général au schéma officiel et aux habitudes. Sauf en des structures ou des lieux privilégiés où subsistent de vrais fidèles de la pensée pasteurienne (je pense à l'Association des Amis de la Maison natale de Dole et à la toute récente Association Arbois-Pasteur), on va une fois de plus faire référence à un symbole et à un mythe aux dépens desquels on s'autorisera des fantaisies, voire des délires qui, pour s'exprimer, feront largement appel aux fonds publics, c'est-à-dire à l'argent du contribuable. Tel projet de film dont j'ai lu le scénario, tel idée "d'œuvre d'art", d'ailleurs provisoire, sont assimilables dans leur principe, en plus modeste seulement, aux colonnes de Buren, aux pyramides du Louvre ou à cet institut parisien de musique où, depuis vingt ans, on est payé à prix d'or pour créer de la "nouvelle musique" et dont il ne sort rien (la presse parisienne vient enfin de s'en inquiéter), dans la mesure où il est à peu près certain que leur existence sera fonction de l'octroi de crédits publics. L'art fut souvent subventionné par le passé, mais par des amateurs ou des princes éclairés. Etre un élu n'y prédispose pas et les responsables politiques actuels devraient se pénétrer du fait qu'on ne le décrète pas. Si, un peu partout, on fait resservir la vieille statue sur fond de subventions, qui commandera? Les heureux bénéficiaires auront-ils la bride sur le cou? Qui évaluera les résultats? Le demandeur? comme cela arrive souvent lorsque les collectivités territoriales se laissent aller à subventionner "la recherche"? Espérons que non, car l'évaluation ne peut être que nationale ou internationale. On ne peut pas être à la fois juge et partie.

Nous serions en tout cas loin du compte si l'on en restait à des manifestations réservées à des élites qui, comme d'habitude en ces occasions-là, se font plaisir elles-mêmes et se congratulent indéfiniment dans une auto-admiration auto-reproduite, ou proches du pain et des jeux qu'exigeaient les anciens romains. Comme l'a montré notre téléphoniste du début, le vrai besoin n'est pas là. Si l'on veut fêter Pasteur dans un esprit réellement républicain, c'est-à-dire universel, et sans arrière-pensée d'aucune sorte, politique, touristique ou commerciale (ce qui revient évidemment au même), il faut commencer par le bon bout, sortir du strass politico-commercial, apprendre Pasteur aux citoyens et bien entendu d'abord aux enfants, dans leur école, leur faire comprendre que, s'ils sont vivants, c'est en grande partie parce que Pasteur et quelques autres après lui inventèrent la Microbiologie il y a un bon siècle seulement, et qu'il en résulta une amélioration sans précédent des conditions de vie de l'homme, entre autres du point de vue de l'hygiène et de la nutrition, et de ses chances de survie face aux maladies infectieuses, terreur de l'humanité depuis ses origines.

On y a heureusement pensé dans le Jura et, pour le professeur d'Université en fin de carrière que je suis et qui n'a jamais fait que cela, cela constitue l'occasion inespérée et heureuse, grâce à une expérience à ma connaissance unique, de plonger dans l'univers de l'enseignement de base, celui des enfants du primaire, qui conditionne tout le reste. L'année 1994 verra en effet dans le département du Jura l'ouverture "d'Ateliers Pasteur", mis en place par le service l'Animation du patrimoine de la ville de Dole, la Société des Amis de Pasteur, l'Inspection de l'Education nationale et les Pupilles de l'Ecole Publique. Cette expérience, à laquelle prendra part une classe primaire doloise, aura notamment pour but d'informer et de former des instituteurs à la Microbiologie, et surtout à la connaissance de toutes les répercussions du développement de celle-ci dans les multiples domaines où elle intervient, sans négliger une inévitable réflexion épistémologique sur l'œuvre de son principal créateur. Le projet, arboisien celui-ci, d'un film vidéo centré sur les aspects déterminants de l'œuvre pasteurienne que je viens d'évoquer, viendra compléter cette formation en lui fournissant un élément de documentation nécessaire et de qualité. Par ailleurs, des représentants éminents de la profession vétérinaire, au plan français, pensent se joindre, comme ils le firent déjà à Arbois en 1985 pour la commémoration des vaccinations contre la rage, à une réflexion doloise et arboisienne "autour de Pasteur". Tout le reste sera "fusées volantes" destinées à la transition, comme l'écrit André Gide dans le Prométhée ou Paludes, je ne sais plus.

Sans verser dans la rhétorique facile, la lumière en la matière paraît bien venir des villes de Pasteur et des hommes qui y œuvrent.

Le lion de chez nous[1]

En 1952, mon professeur de Zoologie et Physiologie animale à la Faculté de Sciences de Besançon, le docteur Antoine Jullien[2], me permit de publier un article sur le loup, et un autre sur le chat sauvage, dans le bulletin de la *Société nationale d'Acclimatation et de France et de Protection de la nature*, quelle gloire pour un étudiant de vingt ans qui débutait dans la Science et qui ne pensait déjà qu'à elle, sa future maîtresse. On ne parlait pas encore d'Ecologie à l'époque, encore moins d'Ecologie politique, sociologique ou autre, mais on en faisait tous les jours avec nos maîtres comme M. Jourdain faisait de la prose sans le savoir. Puis l'abbé Jean Garneret[3], dont je faisais partie de la « *cour* » étudiante depuis 1949, me proposa de donner à son *Barbizier*, un autre article qui bénéficia de souvenirs divers de gens qui avaient encore vu le loup de plus ou moins près, comme d'autres avaient vu l'ours, article qu'il intitula *Le Lion de chez nous*. On ne pouvait pas faire mieux comme titre.

---

[1] Cf. *Regards sur le Haut-Doubs*, 4ème trimestre 1995-1er trimestre 1996, pp. 7-14. Texte complété par rapport à celui publié.

[2] Le 20 avril 1953, Antoine Jullien dédicaçait à Richard Moreau son ouvrage *Travaux pratiques de physiologie et principes d'expérimentation* (Paris, Baillière et fils, 1935) : *A Monsieur Richard Moreau, brillant étudiant en pharmacie de l'Ecole de Besançon, avec mon cordial hommage et mes vœux de brillante réussite*. (NDE)

[3] Jean Garneret (1907-2002), prêtre, fondateur de la revue *Barbizier*, du Musée comtois, et du Musée des maisons comtoises. En 1995, Richard Moreau fut (brièvement) président de l'association du Folklore comtois. (NDE)

Pourquoi cet intérêt pour ce fauve de nos forêts ? Je n'en sais plus rien. Peut-être par atavisme de descendant de paysans, d'hommes des bois et de chasseurs qui tous, autrefois, avaient un jour ou l'autre affronté le fauve de près ou de loin, en souvenir aussi du *Roman de Renard*, qui avait enchanté mes années lycéennes, et certainement aussi par curiosité de naturaliste débutant attiré en Zoologie comme en Botanique, par ce qui sortait un peu du courant des jours. Et puis il y eut bientôt dans ma vie, la Microbiologie, donc Pasteur et la rage. Alors…

Le loup de Villers-Farlay

Commençons par cette histoire dramatique, une attaque de loup d'une gravité exceptionnelle, qui endeuilla la région de Villers-Farlay, dans le Jura, en 1831, et dont on trouve la relation dans les papiers de Pasteur de la Bibliothèque nationale. Quand le futur savant était à l'école primaire à Arbois en effet, les gamins du quartier, lui avec, agglutinés devant la forge du maréchal-ferrant, furent témoins de la cautérisation au fer rouge de plusieurs mordus par un loup enragé qui s'était déchaîné peu avant dans les environs de Villers-Farlay. L'affaire dut faire grand bruit puisqu'une quinzaine de personnes au moins devinrent « *hydrophobes* » et moururent de la rage. On ne sait pas s'il y en eut d'autres ailleurs. Le docteur Dumont, d'Arbois, rédigea immédiatement un rapport pour la *Société d'Emulation du Jura.* Cinquante ans plus tard, Pasteur se souvenait tellement bien de cette catastrophe que, lorsqu'il s'occupa de la vaccination anti-rabique en 1885, il demanda au maire de Villers-Farlay M. Perrot, de retrouver tout ce qu'il pourrait de témoignages sur elle.

Cela arriva le 18 octobre 1831 un peu avant l'aurore. Un loup enragé, de forte taille, venant d'on ne sait où, fit son apparition sur la route nationale de Dole à Salins à l'endroit appelé *« Fontaine aux ânes »*, sur le territoire de la commune de Pagnoz. Suivons le trajet de la bête. L'animal se jeta d'abord sur Pierre-Jean Vauchez, d'Ecleux, et sur sa sœur, qui fut mordue à la main et mourut enragée, tandis que son frère, atteint seulement à travers ses vêtements, demeura indemne. Le loup traversa Pagnoz et mordit des animaux ainsi que plusieurs personnes originaires de villages plus ou moins éloignés, qui se rendaient à la foire de Port-Lesney, sans que l'on sache qui, puis un bœuf de l'attelage de Georges Barbe, dit Pirouillat, de Villers-Farlay. A l'entrée de Mouchard, il s'attaqua à un sieur Allard qui se protégea avec le grand panier d'osier qu'il portait, en s'en servant comme d'un bouclier. Plusieurs personnes d'Arbois et des environs, qui étaient dans la petite ville, furent mordues sans que l'on sût leurs identités. A la sortie de Mouchard, se place l'aventure de l'étameur qui mérite d'être rapportée, de même que celle des deux hommes qui le suivaient sur la route. L'artisan se rendait à la foire de Port-Lesney et portait sur son dos sa marchandise composée de grelots, sonnettes à bestiaux, batterie de cuisine, etc... Voyant le loup se lancer sur lui et le prenant pour un chien, il secoua son harnachement brinquebalant. La bête effrayée s'éloigna sans quitter la route et arriva droit sur les sieurs Guillot, dit Dodo, et Senot, dit Rominus, qui marchaient à côté de leur attelage. Le fauve mordit le second à travers ses vêtements, tandis que le premier se moquant de son compagnon, se mit à exciter l'animal pour rire ! Bel exemple de plaisanterie stupide. Continuant son chemin, le fauve rencontra le jardinier de M. de Chavannes, de Mont-sous-Vaudrey, qui menait par la route un cochon gras pour le vendre à la foire, en le poussant devant lui. A l'entrée de Villers-Farlay, au lieu-dit *« Pont de l'Ouïs*e » ou de « *la Vouise* », le loup fonça sur le cochon qui, mordu, s'échappa dans les prés voisins en contrebas de la route. Le jardinier courut au secours de son cochon en tapant sur le loup à grands coups de fouet pour qu'il lâche prise, mais l'animal se retourna et l'agressa. Une lutte terrible s'engagea entre la bête et l'homme tombé à terre.

Gaspard Anel, conducteur de la diligence de Dole à Salins, qui passait, arrêta son véhicule, sauta de son siège et courut au secours du malheureux. Mal lui en prit ; le loup quitta sa victime, se rua sur lui et lui dévora une partie du visage. Le tumulte et les cris (« *Au loup* ! *au loup* ! ») firent sortir les habitants de Villers-Farlay de chez eux, ce qui attira l'animal qui mordit un père de quatorze enfants, Jean-François Junod, deux autres hommes, les sieurs Mouret et Perrin ainsi que la servante du second, Marie Mouret-Maillard. Un habitant, Joseph Faivre, saisissant une hache, courut sus à la bête qui se retourna derechef ; l'homme lâcha son arme et se hâta de monter sur un arbre proche, de même qu'un autre homme nommé Guillot. L'animal longea les jardins des maisons situées en bordure de la route tandis que la population du village continuait à crier « *au loup* » de manière à prévenir les gens de se mettre à l'abri. Un autre habitant, Jean-Pierre Dugois, tira un coup de fusil sur le loup qui traversait son jardin et le manqua. Finalement, après avoir mordu à travers ses vêtements Joseph Barbe qui fut préservé, il se jeta sur un nommé Gabriel Coulon-Pillot, dit Charron, qui travaillait dans son jardin. Le loup se dressa et mordit l'homme à l'épaule à travers les vêtements aussi. Jeune et fort, Coulon-Pillot le saisit à bras le corps, le terrassa et le maintint sous lui, un peu comme le fit Jean-Baptiste Jupille cinquante ans plus tard avec un chien, en se prévenant de la gueule, jusqu'à ce que les voisins accourus à ses cris, assomment le fauve à coups de bêche. On cautérisa les blessés, mais toutes les personnes mordues directement décédèrent de la rage, d'après le maire de

Villers-Farlay, qui recensa une quinzaine de morts dont huit à Ecleux, Villers-Farlay et Mouchard. Mais il y en eut sans doute d'autres, inconnus, de villages plus éloignés. Le nombre de victimes fut donc vraisemblablement plus élevé. Le premier à décéder fut le conducteur de la diligence, suivi de la servante Marie Mouret-Maillard, qui souffrit beaucoup, de son voisin Junod, puis des mordus aux mains et à la figure. Les personnes atteintes à travers les vêtements s'en tirèrent, sauf Guillot, dit Dodo, et Senot, dit Rominus, qui moururent de... jaunisse, tant fut intense leur frayeur rétrospective de voir les personnes et les animaux atteints devenir enragés. Les animaux mordus eurent aussi la rage, notamment le cochon et le bœuf qui furent abattus.

Le loup sort du bois...

Ce récit est caractéristique des attaques paroxystiques de « *grands forts* » loups isolés, souvent enragés, qui surgissaient brusquement des bois au petit matin et se répandaient dans les campagnes. Le récit, que j'ai publié en 1953 dans *Barbizier*, de l'attaque en 1819 d'habitants de plusieurs villages des environs de Marnésia, dans le Jura également, par une de ces bêtes commence de la même manière : *Le 8 juin 1819, une bête féroce s'est présentée près du bois de la Garde-de-Dieu, commune d'Alièze*..., illustré d'une gravure du temps, assez naïve de ma collection débutante. L'animal affamé ou enragé attaque et mord tout ce qu'il peut sur son passage. Dans ces rapports, on trouve toujours les mêmes points communs : trop ému, le tireur manque son coup (le garde de Marnésia en fit autant en 1819) ; quand c'était possible, on faisait beaucoup de bruit avec les charges que l'on portait (l'étameur de Villers-Farlay a pour pendant récent un nommé Pagès, dont parle André Chamson, et les « *fers d'ache* » qu'il agita lorsqu'une nuit, il se vit suivi par un loup dans les Cévennes) ; les corps à corps étaient fréquents car il y avait toujours des courageux pour aller au-devant de la bête au péril de leur vie. Souvent ces hommes étaient gravement atteints, voire défigurés (les fauves attaquaient au visage quand ils pouvaient), et mouraient. Etc...

Dans les campagnes, les loups représentaient donc un danger permanent, l'hiver surtout, et ce n'était pas tant la rage qui planait sur les esprits que la crainte du carnassier féroce, le « *lion de chez nous* », titre de mon article de 1953, qui amenait les populations à se défendre collectivement. C'est pourquoi les gens s'unissaient avec courage contre lui, mais avec comme conséquence des blessés et souvent des cas sporadiques de rage humaine, suffisants pour maintenir la peur ancestrale de la maladie et des animaux vecteurs (c'est ce qui motiva le choix de la rage par Pasteur pour l'étude de la prévention vaccinale des maladies infectieuses). Jules Marcou écrivait le 21 février 1845 à son ami Pasteur : *Depuis un mois un immense manteau de neige couvre toute la contrée, à des endroits il y en a* (...) *dix pieds, aussi le froid est-il devenu très vif et les loups commencent à rôder autour des villes*, ce qui l'amena à ne plus sortir de Salins, lui qui n'avait pourtant pas peur de grand-chose. La zone ensauvagée commençait devant la porte des gens et l'on entendait souvent crier la bête dont le chien de la maison était parfois la première victime. La peur du loup existait donc même chez les plus courageux ou, plus précisément, il était connu que la fréquentation de ces animaux n'était pas sans danger. On avait de bonnes raisons à cela.

Au début de ma carrière, je me suis intéressé au loup en Franche-Comté et j'ai pu recueillir des témoignages incontestables de mon grand-père pour le pied du Lomont, d'amis de mes parents qui vivaient à côté de la Forêt de Chaux, du commandant Grand, d'Arbois, du commandant Larger, pour Chaux également et pour la région d'Abbans-Dessous. Ils peuvent se résumer à ce que le frère Ogérien écrivait au siècle dernier sur les habitudes du loup : *Pendant le jour, il dort caché dans les fourrés les plus épais des forêts* ; *aux approches de la nuit, il se glisse prudemment sur la lisière des bois et ne se met en chasse qu'après avoir longuement consulté son excellent odorat. Les voiries, les petits mammifères vivants, les moutons, rarement les chiens, et au besoin les fruits, fournissent sa nourriture. En hiver, il se réunit par troupes et descend quelquefois dans les villages pour fouiller les immondices et enlever les chiens* ; *il attaque rarement l'homme.* Mais rare ne veut pas dire jamais, surtout si l'animal est enragé. On peut en dire autant du renard et du lynx, voire du chat sauvage. Les témoignages que j'ai recueillis parlaient de cochons et de poulains tués et mangés, en plus de chiens enlevés couramment l'hiver, notait frère Ogérien. L'abbé Bouchez évoquait des vignes pillées. Enfin *lorsque le besoin est extrême*, écrivit Buffon, (le loup) *s'expose à tout, attaque les femmes, et les enfants, se jette même quelquefois sur les hommes, devient furieux par ces excès, qui finissent ordinairement par la rage et la mort.* Le naturaliste parlait d'expérience au contraire de ceux qui prétendent aujourd'hui que le loup n'attaque jamais l'homme. Vis-à-vis de l'homme et des enfants, les témoignages comtois font état d'un attentisme de l'animal qui observe longtemps les gens et les suit, en attendant quoi ? Une occasion favorable. Un grand chasseur devant l'Eternel, François de Curel, a écrit que la subtilité de l'instinct du loup, servi par des sens bien supérieurs aux nôtres, fait de lui un adversaire digne de se mesurer avec l'intelligence humaine. C'est sans doute vrai. Si l'homme le domine suffisamment, le loup s'éloigne. Ce fut probablement ce qui arriva lorsque, vers 1870, dans les neiges entre Orchamps-Vennes et Loray, Julie Gallais-Garreignot, qui reçut un prix de Vertu de l'Académie française pour la manière dont elle s'occupa de sa famille[4], parlait longuement aux loups qu'elle rencontrait, un peu à la façon de François d'Assise ou de l'ermite breton que cite Jean Rouard dans les *Champs d'honneur* (ici, il s'agissait de sangliers qui chargeaient cet homme) : son *Gare goret, tu te goures de Gourin suffisait*, paraît-il, à les interloquer au point qu'ils changeaient d'avis, et finissait par les éloigner, ce qui n'est pas très étonnant. En tenant tête, Julie apparaissait comme dominante, l'ermite breton également. Sinon, le pire pouvait arriver, surtout si l'animal avait très faim, plus encore s'il n'était pas seul, et surtout s'il était enragé comme à Villers-Farlay au siècle dernier car alors le comportement des animaux se modifie beaucoup. Il est connu par exemple que les goupils enragés deviennent particulièrement dangereux parce qu'ils perdent toute prudence et s'approchent trop près des hommes. Le loup, lui, sort du bois en plein jour ; arrivent alors des catastrophes comme celles de Marnésia ou de Villers-Farlay, ou des attaques comme celles qui suivent.

Un danger pour l'homme et pour la nature maîtrisée

Dans son excellent livre *La bête qui mangeait le monde* en pays de Gévaudan et d'Auvergne, paru en 1971, l'abbé Xavier Pic rappelait qu'en France, la dernière victime humaine connue des loups avait été une vieille femme de la Haute-Vienne, dévorée le 13 août 1918. On n'était pas en hiver pourtant. Quant à la dernière enfant qui subit le même sort, ce fut une petite fille qui succomba en 1913, en Charente, aux confins du même département. La

[4] Voir mon article sur les Prix de Vertu comtois de l'Académie française.

seconde histoire mérite d'être dite tant elle est caractéristique de la tactique des loups. Pour se rendre à l'école, l'enfant, dont les parents habitaient des écarts, devait faire seule à pied le chemin de la maison familiale au village voisin. Mais voici qu'un loup se mit à la suivre pendant plusieurs jours de suite. L'historien bisontin Joseph Pinard a raconté un fait identique d'après les mémoires d'un de ses lointains cousins qui vivait à Fontain (près de Besançon) au dix-neuvième. Le huitième jour, effrayée, la petite prévint ses parents. Le lendemain, le père fit les trajets avec elle ; le loup ne se montra pas. Le commandant Grand, d'Arbois, m'a rapporté autrefois un fait semblable qui se passa entre Saint-Cyr-les-Arbois et les Arsures en 1877 : un particulier fut suivi de nuit par un loup. A hauteur d'une maison forestière, l'homme alerta le garde. A leur vue, le loup s'enfuit. Avant 1914, un cousin de mes grands-parents, rentrant de nuit, en break, de l'Isle-sur-le-Doubs à Glainans, fut longuement suivi par un loup dans ce canton très forestier. Il fit trotter son cheval et le loup s'éloigna. Dans le cas de la fillette, les parents crurent trop vite qu'elle avait inventé une histoire et, le jour suivant, elle partit seule à l'école. Elle ne rentra jamais : on ne retrouva que ses pauvres restes. Le loup avait sans doute compris qu'elle n'était pas dominante…

Si j'ai rapporté ces histoires, qui sont des faits certains, avérés, c'est parce qu'il faut dire très fortement que le loup est l'animal qui, une fois l'ours et le lynx disparus pour des raisons voisines, continua à représenter la force féroce et sauvage dans les campagnes. Dans les contes, on en faisait un grand benêt pour exorciser les peurs, mais le vrai est qu'il menait la danse. Aussi Xavier Pic eut-il raison d'écrire que ce grand carnassier fut un ennemi redoutable pour l'homme et qu'il constitua une obsession pour nos ancêtres. Cela explique sa place exceptionnelle dans nos coutumes, nos contes et nos légendes. Dans les années 1950, des loups passaient durant l'hiver dans la grande forêt domaniale de Chaux, en provenance d'Europe centrale ; d'après le commandant Larger, lieutenant de louveterie, ils se dirigeaient vers l'Espagne. N'oublions pas enfin qu'on en tua en Lozère, dans le Puy de Dôme et dans l'Isère entre 1950 et 1960.

Nos ancêtres firent régresser les populations de loups et autres ours, dans un souci de sécurité et de protection des troupeaux pour une raison d'une autre nature, mais identique sur le fond à celle qui consiste à éliminer les mauvaises herbes des jardins, la nielle ou les épis ergotés des récoltes de céréales : le souci de sécurité, de pérennité et d'intégrité de leurs biens, en l'occurrence de leurs élevages, afin d'assurer la survie de leurs familles. Lorsque les humains se mirent à cultiver la terre pour produire assez de nourriture sur place, ce fut pour éviter de courir à l'aventure derrière les animaux sauvages afin de tenter d'en attraper pour les manger. On libéra de plus en plus de terre par le défrichement, mais la terre se couvrit de mauvaises herbes qui se hâtèrent de proliférer aux dépens du fruit. L'agriculteur y mit bon ordre en faisant la différence entre « *le bon grain et l'ivraie* ». Les prédateurs sont l'ivraie des éleveurs, la concentration de troupeaux sur des surfaces limitées rendant les choses plus faciles aux premiers. Il était donc normal que les hommes s'en défendent pour protéger leurs intérêts, mais aussi pour se protéger eux-mêmes. En éliminant la grande forêt, en empêchant la flore locale de pousser et d'étouffer leurs cultures, en chassant les prédateurs, agriculteurs et éleveurs changèrent inévitablement et fortement les équilibres biologiques naturels pour arriver au milieu que nous connaissons. Cependant, l'évolution à plus ou moins long terme des écosystèmes est un fait naturel. Chaque fois qu'une tornade fauche une forêt ou que tombe sur terre un « *morceau de lune* », il en résulte des modifications écologiques souvent beaucoup plus brutales et parfois plus durables que l'élimination de mauvaises herbes ou des bêtes fauves. Lorsque le climat change, c'est la même chose. Des variations minimes et locales du milieu peuvent avoir de grandes conséquences ; ainsi, le changement de débit d'un ruisseau suffit à faire évoluer profondément un marais et à amener la disparition d'un grand nombre d'espèces végétales et animales dans les biotopes voisins. L'homme n'y est pas forcément pour quelque chose, même s'il est un grand transformateur de la nature. Bien entendu, plus l'action sur celle-ci est forte et brutale, plus le déséquilibre est grand. C'est ce qui s'est passé aussi bien lors des grands défrichements du Moyen-âge qu'avec l'avènement de l'agriculture industrielle en Beauce, en Brie ou en Aquitaine, où les sols de grande culture risquent chaque jour un peu plus, d'être enlevés par des phénomènes érosifs majeurs. C'est ce qui se passe aussi en forêt amazonienne tous les jours ou avec les feux de brousse ou les feux de maquis, etc. Les dégâts produits par les troupes de chevreuils, de sangliers et de chamois qui se répandent en Franche-Comté par suite de l'interdiction excessive de la chasse, dont la pratique avait elle-même explosé pour d'autres raisons, résultent aussi de ces déséquilibres induits.

Lorsqu'ils ont subi une atteinte, les écosystèmes modifiés retrouvent un nouvel équilibre si les conditions anciennes prévalent à nouveau. Cependant, même si elles redeviennent proches des primitives, il est illusoire d'espérer revenir exactement au système ancien : Héraclite disait avec sagesse *qu'on ne se baignait jamais deux fois dans le même fleuve*. Les amateurs de ré-acclimatation devraient penser à cet adage, qui vaut pour tout. C'est pourquoi prétendre que l'on va reconstituer un écosystème en réintroduisant artificiellement une espèce disparue, l'ours par exemple ou le loup, est plus qu'une utopie, c'est une bêtise. Un système naturel fonctionne comme un organisme blessé : une plaie ouverte se referme, mais il reste une cicatrice. Si quelqu'un perd un membre ou une partie de membre, rien ne pourra les remplacer. Par contre, l'individu compensera avec les membres restants. Ainsi fonctionne la nature et les écosystèmes où de nouveaux équilibres s'installent progressivement pour suppléer ceux qui ont été modifiés, certains êtres vivants prenant le remplacement des disparus pour assurer le fonctionnement général du système. La compétition est un facteur essentiel dans le mécanisme de réparation. Le traumatisme est d'autant plus fort et la réparation d'autant plus délicate que le milieu est plus simple, en variété d'espèces notamment, et que les conditions écologiques sont plus dures. Cela explique que le milieu alpin ou boréal ait infiniment plus de mal à se reconstituer qu'un milieu prairial de basse altitude et que certaines pratiques ou certains sports soient catastrophiques pour eux.

Toute intervention sur les milieux naturels, toute introduction d'espèces dans un écosystème, produit des déséquilibres plus ou moins graves, et les modifications induites sont toujours régressives. S'il s'agit d'une réintégration d'espèce disparue, en aucun cas on ne revient au *statu quo ante*, mais on crée forcément de nouveaux équilibres (ou déséquilibres) par suite de phénomènes de compétition (il n'y a pas de « *bonne nature* », mais une lutte pour la vie à tous les niveaux et à tous les instants ; la « *guerre* » ouverte ou larvée entre espèces est un fait permanent). En termes de résultats, ils sont parfois pires que les premiers. Un de mes collègues de l'INRA, spécialiste des maladies des œillets, me disait un jour qu'en éradiquant chimiquement une maladie de ces fleurs, on en créait deux nouvelles pour les années à venir et ainsi de suite. C'est valable partout. Bien entendu, plus l'espèce que l'on cherche à réintroduire est élevée en organisation et plus elle est armée du point de vue compétitif (c'est le cas des grands prédateurs carnassiers), plus les nouveaux déséquilibres seront importants et rapides.

Ramener le loup ou d'autres grands carnivores dans nos campagnes sous prétexte de recréer un système ancien ou de réguler les populations de grands herbivores sauvages est une utopie et ne peut que provoquer une nouvelle modification forcément régressive et probablement plus brutale que la première. Quant aux effets sur les troupeaux, voire sur les hommes, il n'est pas besoin d'être grand éthologue pour savoir que tout animal sauvage et plus généralement tout organisme vivant, choisit toujours la solution la plus simple ou la plus économique en efforts, donc en énergie, pour se nourrir. Le carnivore préférera donc les moutons d'élevage aux grands herbivores sauvages, parce que les premiers sont relativement groupés et qu'ils ont perdu les réflexes ancestraux de défense. S'il rencontre une petite fille, ce sera la même chose. Enfin, si les prédateurs quels qu'ils soient tuent un plus grand nombre d'animaux que nécessaire pour subsister, comme cela s'observe généralement, c'est probablement en vertu du même principe et sans doute parce que la compétition entre eux s'en trouve réduite. C'est une caractéristique de l'état sauvage : l'homme primitif tuait beaucoup pour consommer peu.

Les interdictions de chasse et les réintégrations d'espèces n'ont aucun rapport avec l'écologie. C'est le contraire : il s'agit seulement de gestion de troupeaux ou d'acclimatation. On n'est pas écologue en ajoutant des déséquilibres à d'autres déséquilibres et je ne vois pas de différence entre la réintroduction d'espèces animales majeures, telles le loup ou l'ours, qui sont des maillons finaux des écosystèmes et qui n'ont aucun prédateur, sauf éventuellement l'homme (leurs seuls moyens de régulation sont la faim en cas de surpopulation, ce qui entraîne des migrations, donc leur extension, et des maladies infectieuses qui font régresser leurs populations), et le stade extrême d'intervention sur les mécanismes naturels qu'est la culture industrielle, sinon des différences d'échelle ou de bénéfice pour les promoteurs. Il faut ajouter que le facteur temps est essentiel : il n'y a pas de commune mesure entre celui nécessaire à l'évolution normale d'un système naturel quelconque et celui qui résulte de l'intervention humaine quelle qu'elle soit.

L'Ecologie est l'économie de la nature, c'est une discipline scientifique, pas politique, à ne pas confondre d'ailleurs avec le romantisme rousseauiste[5] d'une nature prétendument bonne que partagent de nombreux « *écologistes* » militants dont la formation scientifique reste à vérifier, face à l'homme mauvais par définition. Il ne faut pas tomber dans le travers de celui qui, voyant une personne mordue par une vipère, vole au secours du reptile en disant ; *« La pauvre bête »*. Ces écologistes aiment-ils l'homme ? S'aiment-ils même vraiment eux-mêmes ? J'ajoute que l'idée d'une nature intangible (en fait celle, plus ou moins idéalisée, de l'enfance de chacun) est récente. Sinon, nos ancêtres et les populations de toutes les régions du Monde n'auraient pas survécu et nous ne serions pas là. Inversement, ce n'est pas une raison pour surexploiter la nature de façon exponentielle comme on le fait depuis le début de l'ère industrielle après avoir bien commencé avant : localement, voir la Forêt de Chaux et les dégâts qui lui ont été occasionnés au cours des siècles ; Georges Plaisance en a rendu compte dans des articles et dans sa thèse d'ingénieur-docteur. Lus généralement, la

[5] J'ai toujours aimé Jean-Jacques Rousseau et il est hors de question de lui mettre à charge une sensiblerie peu raisonnée, ni raisonnable, romantique sans doute, non scientifique certainement, qui n'était pas la sienne et pour laquelle on a utilisé son nom pour la qualifier.

planète est un champ de décombres, mais c'est un autre sujet.

Ecologie ou rousseauisme béat ?

Cette sensiblerie, car c'est souvent de cela qu'il s'agit, pour certains animaux, Mammifères le plus souvent, mais la mode s'étend, s'applique rarement aux autres espèces ou règnes, notamment aux plantes. Qui s'est jamais préoccupé du *Lycopodium clavatum* (que j'en encore vu) ou des *Drosera rotundifolia* du marais de Saône, à côté de Besançon, stations ultimes de basse altitude de ces plantes fragiles, ou du *Saxifraga hirculus* de Frasne (Doubs), sinon Emile Larroue en son temps ? Et, à Mouthe (Doubs), du *Betula nana*, l'une des dernières « *grandes* » (je souligne, car le Bouleau nain est buissonnant) espèces de la toundra arctique à avoir occupé les Hautes-Chaînes du Jura après les dernières glaciations, sinon, à un moment donné, quelques forestiers ? Je n'aurai évidemment pas la prétention d'évoquer le destin du *Cladium mariscus*, du *Rhynchospora alba* et d'autres plantes de marécage plus ou moins rares, présentes autrefois dans le marais de Saône (et ailleurs), car elles n'intéressent personne, que ce soit ici ou dans les Alpes.

Pour en revenir au sujet qui nous occupe, une raison très importante milite pour la plus extrême prudence au moment où certains pensent faire œuvre d'écologiste en poussant à la réintroduction des loups, lynx ou autres ours dans nos campagnes et nos montagnes, en prétendant, ce qui est faux, que ces animaux sont sans danger : l'histoire prêche le contraire. Le phénomène le plus préoccupant en effet est que, depuis quelques décennies, l'homme est devenu majoritairement citadin et que le souvenir des pièges de la nature s'est effacé de la mémoire collective.

Là est peut-être le plus grand risque. On voit tous les hivers les résultats de cette situation quand on compte les morts du hors-piste dans les Alpes. D'autres recherchent des expériences dites extrêmes pour lesquelles ils sont rarement préparés. Comme ce serait excitant peut-être d'aller titiller des loups ! Mais il faut craindre surtout les accidents qui peuvent arriver à des randonneurs, voire à des promeneurs sans méfiance. On sait que les accidents ne sont pas rares dans certains parcs américains lorsque, pratiquant une sorte de « *hors-piste* », des campeurs s'aventurent la nuit sur le territoire des grizzlis. Certes un loup isolé est en théorie peu dangereux… sauf s'il le devient, poussé par la faim, par la maladie (rage) ou s'il vient à former une troupe avec des congénères. La « *bête du Gévaudan* » fut un groupe de forts loups habitués à attaquer des humains comme le sont les tigres mangeurs d'hommes dans certaines régions des Indes. Une fois « *spécialisés* », ils ne changent plus de proies. Or, la constitution de nouvelles meutes peut se produire très vite, surtout si ces bêtes, qui n'ont aucun prédateur sauf l'homme, y sont aidés, comme c'est le cas en Europe du fait de leur protection absolue (mais qui en a décidé et sur quels critères ?).

Il ne faut pas perdre de vue aussi qu'un loup est capable de parcourir cent kilomètres en une seule nuit. Cela explique qu'après l'arrivée de loups d'avant-garde dans le Mercantour, qui se sont largement reproduits en toute liberté, des populations aient pu apparaître presque simultanément en de nombreux endroits des Alpes. Bientôt ils seront dans le Jura. Qui peut prévoir et surtout maîtriser le phénomène ? Personne si l'on continue la politique de Gribouille actuelle. Craignons que le dogmatisme (mot juste) « *écologique* » d'un petit nombre amène des désastres. Il est vrai que le « *risque socialement acceptable* », sinon accepté, est à la mode, surtout quand un intérêt économique est au bout. Cela peut se justifier, à condition que l'argument soit manié avec prudence par des mains responsables, ce qui est rarement le cas. En extirpant les loups, nos pères nous ont permis de travailler au dehors et de nous promener en sécurité. Redoutons que la réintégration dogmatique des loups, ainsi que celle des lynx et des ours, fasse revenir la peur ou, pire, que l'inconscience ou l'imprudence, excusables de la part des apatrides de notre *« ancienne patrie »*, comme disait Chateaubriand, que sont la plupart des citadins, soit à l'origine d'accidents dont aucun « *écologiste* » ne se sentira responsable et encore moins coupable. Finalement, la question qui se pose toujours est de savoir si la Terre est faite pour l'homme ou l'inverse. Dans le premier cas, bien sûr, cela n'autorise pas nos contemporains à faire n'importe quoi, même s'ils ne s'en privent pas à tous les niveaux. Inversement, ce n'est pas une raison pour rendre la nature invivable aux gens. Le rôle, le devoir de chacun est d'assurer la conservation des ressources de la Terre *en bon père de famille*, selon une formule bien connue, mais il n'y a pas lieu d'espérer, y compris dans le cas présent, que l'homme sera plus sage demain que par le passé. On constate même le contraire selon un mouvement uniformément accéléré.

Le dernier aspect du sujet entrevu ici, est économique. Réintégrer l'ours, le lynx ou le loup est synonyme de dégâts de troupeaux, laisser proliférer cerfs et sangliers, de destruction de cultures. Qui paiera ? La collectivité, l'impôt, bien entendu, pour le plaisir utopiste de quelques-uns. Est-il normal et surtout est-il sain de subventionner, pour le plaisir de ces quelques-uns, riches en général, des cultures ou des élevages au nom de la ré-acclimatation et du développement d'espèces autrefois abondantes, mais dont les populations furent éliminées pour protéger les récoltes et les populations ? Dans certains cas, on en arrive à ce que les paysans cultivent la terre pour nourrir des sangliers que d'autres tueront, en attente d'indemnités plus intéressantes que la vente de leurs produits aux cours mondiaux. Ce n'est pas digne. Est-il justifiable de subventionner des clôtures ou des élevages de chiens pour protéger les élevages ? Quant aux bergers, qui aiment leurs troupeaux comme les cultivateurs aiment les produits de leur terre, est-il convenable que des irresponsables trouvent normal que des bêtes malfaisantes tuent leurs animaux d'élevage ? Et que des fonctionnaires se contorsionnent pour trouver des justifications ou des excuses[6] ? Que diraient-ils gens si des prédateurs s'attaquaient à leurs animaux familiers ?

Je conclus en un mot : je ne suis pas opposé à la réintroduction de bêtes fauves dans nos pays si ses promoteurs supportent l'entière responsabilité civile, financière et pénale de leurs actes. On parle de « *pollueur payeur* ». Ici, c'est la même chose, sauf si l'on obtient un consensus très large des populations (la démocratie, c'est cela), ce dont je doute. En ce qui me concerne, lorsque ces animaux seront bien installés, et sauf si l'on crée un nouveau corps (une armée) chargé d'en surveiller et réguler les populations (mais l'écologie serait encore plus loin et qui paiera au nom de qui et de quoi ?), je n'irai plus me promener sans fusil et je conseillerai à tous d'en faire autant. C'est ce que l'on appelle la légitime défense. Mieux, je me promènerai dans un parc fermé…

---

[6] Avec notamment la mise en cause systématique de chiens errants, qui se seraient beaucoup multipliés dans nos campagnes depuis quelques décennies, ce dont je doute fort. Je n'en ai pour ma part à peu près jamais vu et pourtant, j'ai beaucoup circulé au cours de ma vie dans les forêts et dans les montagnes. Le tout pour exonérer le loup… (note 2011).

Post-Scriptum

Le samedi 13 avril dernier (1996), en début d'après-midi, se succédèrent deux émissions de télévision, l'une sur TF1, l'autre sur la chaîne de télévision nationale A2. La première était consacrée à un reportage sur un religieux, montfortain sans doute, slovène d'origine, le père Pedro, qui œuvrant dans une région particulièrement déshéritée de Madagascar, aidait les gens à se construire un toit et à survivre dans des conditions difficiles. Il m'a rappelé mon vieux copain et ancien condisciple à la Faculté des Sciences de Besançon, Jean Bulle, « *Pé Jean* » pour ses paroissiens Haïtiens, originaire du Haut-Doubs et montfortain lui-aussi, décédé à Haïti l'an dernier. Quand on a bien connu Pé Jean, on comprend le Père Pedro. Deux jours plus tôt, à « *Envoyé spécial* », sur A2, on avait pu voir un reportage terrible sur l'Erythrée où, faute de nourriture, de jeunes enfants affamés ressemblent à des vieillards et meurent de faim ou deviennent aveugles du fait des carences alimentaires subies. Deux sœurs irlandaises en recueillent le plus possible, les vêtent, les nourrissent, les éduquent, leur font apprendre un métier. En suivant cette émission, je pensais à un ami d'autrefois, un médecin romain de l'OMS, le docteur Gramiccia. Il y a près de cinquante ans, revenant d'une mission de vaccination en Erythrée, il me racontait que des femmes lui disaient en lui amenant leurs enfants : *Tu vas les guérir, mais ils vont mourir de faim.* En France même, tous les hivers des SDF meurent de cette façon et de froid[7].

La seconde émission de samedi dernier, sur A2, était consacrée aux loups qui décidément intéressent beaucoup de gens. J'y ai vu, entre autres, un Allemand barbu qui

[7] On annonce (décembre 2011) un chiffre scandaleux : en France, pour l'hiver qui vient, huit millions de personnes ne pourront pas se chauffer…

« *se veut* » loup et qui, vivant dans un beau chalet très confortable apparemment, voue sa vie à ces animaux dont il élève quatre troupes d'origines différentes dans de vastes enclos forestiers distincts, « *plaisir* » de riche, celui, à la mode, de « *transgresser* », ce qui est aisé quand on en a les moyens et que le reste du monde importe peu[8]. L'écologie, ce n'est pas cela évidemment. Le moment le plus « *caractéristique* » de l'émission fut celui où cet homme amena un mouton entier à ses pensionnaires et fit semblant de le leur disputer, ce qui était nécessaire, disait-il, pour que ces bêtes comprennent qu'il était le chef de meute puisqu'il leur procurait la nourriture. Belle ambition ! Le meneur, lui, avait la satisfaction d'avoir un élevage d'animaux à la robe fournie et bien lustrée. En voyant ça, il était impossible de ne pas songer aux enfants érythréens au faciès de vieillards ou de déportés, qui auraient aimé manger une parcelle du mouton (ou des pommes de terre ou du maïs « *cultivés* » pour nourrir des sangliers). Dans un autre moment présenté comme « *fort* » du film, l'homme expliquait que les loups de second rang, mais qui contestaient la prééminence de leur chef de meute, c'est-à-dire lui-même, tentaient de le mordre au cou afin de prendre le pouvoir à leur tour. Attaquer et tuer est une tactique propre à tous les êtres vivants, aux loups entre autres, et hélas aussi aux hommes depuis la Préhistoire. On ne le sait que trop. Ici, pour marquer sa suprématie, cet homme mordit cruellement le nez du contestataire devant la caméra, manifestation répugnante et bestiale à voir la satisfaction de l'intéressé. L'une et l'autre étaient à rapprocher des images d'horreur que la télévision montre des quatre coins de la planète, hier en Bosnie, aujourd'hui au Liban, en Palestine, en

---

[8] D'après la presse (2011), une pianiste connue en ferait autant. Pour se replonger dans la vie qu'à tort, elle croit sauvage ? Là aussi, « *plaisir* » et surtout illusion de riche.

Tchétchénie, au Libéria, en Afghanistan ; en Somalie et ailleurs. Un autre moment montrait une réserve de loups dans les Cévennes peut-être, que des touristes venaient visiter. Le commentateur précisait que ces personnes attendaient le moment où les bêtes allaient se ruer sur la nourriture et la déchirer, à moins que ce soit celui où elles se déchireraient entre elles pour la posséder… Dans ce film consacré à la « *réhabilitation* » des loups, on a omis de préciser que Malgaches, Erythréens, Somaliens (etc) ou SDF français…, qui meurent de faim dans le monde, ne s'intéressent guère à la réintroduction des loups en France, mais à leur survie à eux, et à celle de leurs enfants. Bien sûr, j'ai entièrement regardé les films sur les pays africains tant leurs problèmes me sont présents à travers les efforts de mes anciens élèves français ou africains qui travaillent maintenant dans les pays du Tiers Monde à améliorer les conditions de vie des gens, et ce n'est pas simple quand on a peu d'argent. Les meneurs de loups européens, qui n'en manquent pas, ont la satisfaction en plus de disposer pour leurs entreprises de subventions votées allégrement ici où là par des assemblées territoriales compréhensives pour des raisons électorales ou plus simplement pas courant[9], ou provenant de crédits d'Etat ou européens. Sinon, où irions-nous ? Je fais de « *l'humour* », bien entendu. J'ai rapidement coupé le film répugnant sur les loups tant j'avais honte. On a appris depuis que des ours allaient être ramenés à grands frais de Slovénie dans les Pyrénées[10]. On suivra ces bêtes à coup de balises Argos, on indemnisera les éleveurs... Qu'en pensent les SDF français, ces « *exclus* » ? Que de temps et d'argent perdus.

---

[9] Un mien cousin, que j'aimais beaucoup, malheureusement disparu trop tôt, chef d'entreprise, qui fut aussi titulaire de mandats électifs locaux, régionaux et nationaux, m'expliqua un jour qu'un élu avait raison par définition parce qu'il était élu du peuple. Je lui répondis que oui, à condition qu'il soit bien informé… Vaste problème !

[10] Ecrit en 1995.

Businessmen en tous genres devraient méditer la réponse du Petit Prince au marchand : *Moi, si j'avais cinquante-trois minutes à dépenser, je marcherais tout doucement vers une fontaine*... Cela donne du temps pour la réflexion. Les mêmes pourraient méditer aussi la pensée de Pascal : *Un roi sans divertissement est un homme plein de misères*. Dans nos pays riches et comblés, beaucoup de gens sont des rois sans divertissement. Il y a pourtant tellement de choses à faire, pour l'homme simplement.

Envoi

C'est librement que j'ai choisi la Science. Ma famille n'avait aucune attache universitaire et nul ne m'a conseillé ; j'aurais été médecin si j'avais pu supporter le spectacle de la souffrance ; je serais devenu tisserand si ma mère avait consenti à me laisser vivre loin d'elle, dans une école provinciale. Finalement le goût de l'observation microscopique m'a poussé à solliciter, en 1931, une place dans le laboratoire de M. Guillermond. J'étais âgé de 21 ans, je venais d'achever ma licence, j'ignorais tout de la Recherche et de l'Enseignement, mais j'avais lu la Vie de Pasteur et l'Introduction à la Médecine Expérimentale et je me sentais plein de courage.

Ce texte ouvre l'*Exposé de Titres et Travaux scientifiques* (1958) que le professeur Roger-Jean Gautheret rédigea quand il fut candidat et fut élu à l'Académie des Sciences. C'est pour moi l'expression même de la vocation scientifique, celle qui anima tous les savants depuis les Lumières. J'ai eu la chance de bénéficier de l'exemple et des leçons de quelques-uns de ces maîtres : Edouard Boureau, Jean-François Brisou, Roger-Jean Gautheret, Philibert Guinier, Roger Heim, Henri Humbert, Antoine Jullien, Henri de Leiris, Jean-Gustave Marchal, Théodore Monod, Paul Ozenda, Jean Wyart. A leur image, c'est librement aussi que je me suis abandonné à la Science comme, en religion, les croyants convaincus se mettent dans la main de Dieu, et c'est sous le patronage de ces maîtres que je place cette histoire.

Annexe 1 : éléments biographiques sur Richard Moreau

Microbiologiste et écrivain, Richard Moreau est né le 13 août 1932 à Besançon, et décédé dans la même ville le 18 avril 2013. Il était professeur de Microbiologie Appliquée à l'Université de Paris XII (Faculté des Sciences), et correspondant national de l'Académie d'agriculture de France.

Ayant commencé sa carrière universitaire à Besançon, il obtint à 24 ans la médaille de la Société Nationale d'Acclimatation et de Protection de la Nature (Muséum d'histoire naturelle de Paris). Après avoir terminé ses études de Pharmacie, obtenu sa licence de Sciences Naturelles et effectué un stage à l'Institut Pasteur, il entra au CNRS sous la direction de Roger Heim et fut nommé peu après assistant, puis chef de travaux et chargé de cours de Cryptogamie et de Bactériologie à la Faculté de Médecine et de Pharmacie de Besançon.

Après quelques années comme pharmacien d'officine à Saint-Claude (39) puis Collonges-Fort-l'Écluse (01), il devint en 1966 Maître de conférences agrégé à la Faculté de Médecine et de Pharmacie de Lyon, puis à l'Université de Saint-Étienne où il organisa notamment un service de Microbiologie au Centre Hospitalier Régional dont il était le pharmacien-chef. Il fut également chargé de cours à l'École des Mines de Saint-Étienne.

En 1974, il fut appelé à participer à l'organisation du 3e cycle d'Écologie de l'Université François-Rabelais de Tours pour la Biologie générale et la Microbiologie. Enfin, en 1977, il devint Professeur de Microbiologie et de Biologie végétale à Paris (Faculté des Sciences de Paris XII).

Microbiologiste, ses recherches dans le domaine des micro-organismes du sol lui valurent d'être associé à la vie de l'Institut Pasteur (ancien élève du Grand Cours, il avait été élu à l'Assemblée de l'Institut Pasteur). Il fut par ailleurs l'auteur de plusieurs ouvrages et d'articles sur Louis Pasteur et président d'honneur de l'Association des familles Pasteur.

Agrégé des Facultés de Médecine et de Pharmacie en 1969 (Lyon), il était lauréat de l'Académie des Sciences, membre titulaire de l'Académie des sciences, belles-lettres et arts de Besançon et de Franche-Comté, ainsi que de la Société d'Émulation du Doubs. Il était également officier de réserve de la Marine nationale.

Richard Moreau était directeur des collections *Acteurs de la science* (avec Claude Brezinski), *Ethique et pratique médicales* (avec Roger Teyssou), *Biologie, écologie, agronomie*, et *Religions et spiritualité* (avec André Thayse) aux éditions de l'Harmattan.

Il est le descripteur, avec Henri de Leiris, d'une variété de la gentiane de Bavière, *Gentiana bavarica* var. *toepfferi*, découverte aux abords du col d'Anterne (Haute-Savoie)[1]. Le nom de cette variété rend hommage à l'écrivain et dessinateur suisse Rodolphe Töpffer qui publia en 1836 une nouvelle intitulée *Le col d'Anterne.*

[1] Cf. sa description dans *Candollea* 97-98 (1959).

Annexe 2 : titres et travaux scientifiques de Richard Moreau (aperçu général, 1983)

Ce texte a été rédigé par Richard Moreau à l'occasion de sa candidature à la chaire de cryptogamie du Muséum National d'Histoire Naturelle[1].

---

[1] *La direction du Muséum proposa, à la nomination du ministre, Patrick Joly, maître de recherche au CNRS, en première ligne, et Bernard Boccas en seconde ligne. L'Académie des Sciences, consultée conformément à la règlementation, ne confirma pas ces présentations : elle présenta en première ligne Richard Moreau, et en seconde ligne Marcel Locquin. Soutenant la candidature de R. Moreau, le professeur Paul Ozenda écrivit, citant un précédent rapport du professeur Lefeuvre :* une mobilité tant thématique que spatiale, rare chez les Universitaires, a forgé la personnalité d'un homme de vaste culture capable d'enseigner au plus haut niveau. *M. Ozenda exposait que la thèse de R. Moreau,* soutenue en 1968, apporte des progrès méthodologiques importants dans le domaine des cultures de microorganismes à la suite de séjours effectués tant en France qu'à l'étranger auprès de trois maîtres éminents de la Microbiologie du sol. Ces méthodes, appliquées notamment aux sols et aux maladies cryptogamiques des grandes forêts de Conifères jurassiennes, ont débouché sur des procédés sylvicoles retenus par l'Office National des Forêts. *Et il ajoutait :* M. Moreau s'est révélé un excellent enseignant tant au niveau du 3e cycle que comme vulgarisateur. *Les* procédés sylvicoles *évoqués par M. Ozenda sont un mode de régénération artificielle de certaines forêts d'Epicéa d'altitude, par plantation à travers des films plastiques fumés qui protègent les plants contre l'étouffement par les herbes de la mégaphorbiaie et améliorent le microbisme du sol. Mais par lettre en date du 14 juin 1984, la direction des personnels de l'enseignement*

Dès mes jeunes années de lycéen, j'ai été attiré par la nature, les plantes, la forêt. Cette inclination fut favorisée au cours de mes études supérieures par la rencontre de maîtres : R. FRANQUET, L. GLANGEAUD, A. JULLIEN, J.G. MARCHAL..., qui, à Besançon et à Nancy, chacun avec son tempérament particulier, mais toujours avec talent, comblèrent un jeune esprit préparé, en lui apportant le savoir qu'il attendait en Botanique, en Cryptogamie, en Géologie, en Zoologie, en Microbiologie enfin.

Mais les seuls cours officiels ne me suffisaient pas. Amateur d'herborisations et de sorties en forêts, j'étais passionné aussi de lectures. C'est ainsi que je découvris, en 1952, un livre : "Destruction et Protection de la Nature", qui confirma ma vocation et décida pour une part de ma carrière. En effet, j'osai écrire à l'auteur, Roger HEIM, pour lui dire l'enthousiasme que j'avais ressenti. Ce Maître me répondit et, quelques années plus tard, alors que je venais d'achever mes études de pharmacie, il m'aida à obtenir un poste au C.N.R.S. J'ai conservé un souvenir très vif de R. HEIM, avec qui j'eus la chance d'herboriser plusieurs fois et que je revis régulièrement ensuite.

Cependant, ce furent deux autres éminents naturalistes : Philibert GUINIER et Henri HUMBERT, qui influencèrent ma pensée scientifique de façon pratique et décisive.

Lorsque j'évoque la mémoire de M. GUINIER, je songe aux herborisations et aux courses en forêt, au cours desquelles il improvisait souvent des exposés lumineux ; je me souviens aussi de ma surprise lorsqu'un jour, je reçus la Médaille d'Argent de la Société Nationale d'Acclimatation et de Protection de la Nature, qu'à sa manière toujours très discrète, il m'avait fait décerner. Sa dernière lettre, expédiée peu de jours avant sa disparition, en 1962, me faisait quelques reproches à propos d'un petit ouvrage sur le thème "Sol, microflore, végétation" que je venais de publier avec B. BOULLARD, et

---

supérieur refusa de suivre la préconisation de l'Académie des Sciences, et demanda une nouvelle publication de la chaire. Le 30 novembre 1992, en revanche, l'Académie des Sciences décerna au professeur Richard Moreau son prix Foulon. (NDE)

qu'il avait lu et consciencieusement corrigé ; je regretterai toujours de n'avoir pu me justifier.

De M. HUMBERT, je conserve des souvenirs presque familiaux car il me fit l'amitié de passer quelques jours à Besançon, dans la maison de mes parents, afin d'herboriser dans le Jura. Je le revois encore, vers Frasne, contemplant la *Fagetum pre-alpino jurassicum*, c'est-à-dire une forêt de Sapins, coupée de Hêtres, et se livrant à une critique serrée des méthodes de l'Ecole Zuricho-Montpelliéraine et notamment de l'application de la phytosociologie à l'étude de la forêt tropicale. J'ai gardé ses leçons et, surtout, j'ai toujours regretté de n'avoir pu accepter, pour des raisons familiales graves, le poste d'assistant qu'il m'offrit alors au Muséum.

J'étais passionné par la forêt et le milieu alpin, mais aussi par la phytopathologie, les Champignons du sol et, plus généralement par la vie microbienne des sols, dans ses rapports avec les plantes supérieures. M. GUINIER évoquait souvent ces relations qu'il développa d'ailleurs, vers cette époque, dans un discours à l'Institut. Lui-même et M. HUMBERT m'ont enseigné la science vivante : la systématique, que ce soit des Chênes, des Polypores ou des Composées de Madagascar, la manière de déchiffrer la nature forestière, alpine, tropicale..., l'écologie et, avant la lettre, la biocénotique, c'est-à-dire cette science des êtres vivant ensemble que, dès le début de ce siècle, le fils d'Ernest GUINIER apprenait déjà aux forestiers. Il n'est donc pas étonnant que je me sois engagé rapidement dans des recherches de ce genre, en privilégiant l'étude des Bactéries et des Champignons, appelés encore décomposeurs, qui peuplent la partie endogée des écosystèmes.

Il me fallait cependant acquérir les méthodes nécessaires. Je le fis de plusieurs manières : pour les Champignons du sol, par plusieurs stages à l'étranger, notamment en Angleterre, et pour les Bactéries, en suivant l'enseignement du Dr. J. POCHON, à l'Institut Pasteur. Ma formation fut ensuite efficacement complétée par Madame J. ZIEMIECKA, professeur à l'Université de Varsovie et membre de l'Académie des Sciences de Pologne, qui, avec son adjointe, Wanda MALISZEWSKA, dirigea directement mes premiers travaux de mycologie et de bactériologie des sols, au cours des longs séjours que toutes deux firent en France entre 1958 et 1962. Mme ZIEMIECKA me fit connaître aussi le Dr. A.G. LOCHHEAD, cet éminent chercheur canadien qui fut l'initiateur de la microbiocénotique moderne.

**

Nos connaissances en microbiologie des sols trouvent leur source dans l'œuvre de S. WINOGRADSKY, à qui l'on doit notamment l'établissement des bases de l'écologie microbienne. C'est au moment où il définissait sa "Nouvelle méthode", avant la guerre de 1939, qu'avec lui, son élève Mme J. ZIEMIECKA développa à l'Institut Pasteur, la méthode des lames enfouies, dérivée de ROSSI-CHOLODNY, sur laquelle je travaillai à non tour à partir de 1960.

Dans ce même entre-deux guerres, on vit s'émousser l'intérêt pour la microbiologie écologique, ce qui eut des conséquences jusqu'à nos jours dans de nombreux domaines, y compris dans celui de la santé publique : j'y reviendrai plus bas.

Mais, aux Etats-Unis, un S.A. WAKSMAN renouvelait l'intérêt pour les Bactéries et les Champignons du milieu et choisissait d'étudier particulièrement ceux d'entre eux qui manifestaient leur antagonisme par la production d'antibiotiques ; on sait qu'il fut amené ainsi à la découverte de la streptomycine. De même, A.G. LOCHHEAD, W. SCHOPFER, que j'ai eu la chance de connaître aussi en 1956, faisaient également des découvertes importantes sur les facteurs de croissance.

La production d'antibiotiques ou celle de facteurs de croissance ne sont que deux aspects particuliers des phénomènes d'antagonisme, de coopération, etc. entre populations microbiennes. Mais les savants qui ont fait ces découvertes, ont induit, en même temps, un renouveau qui s'est traduit à terme, par les développements actuels de la microbiologie écologique.

C'est dans ce cadre général que, pour l'essentiel, s'est développée mon activité scientifique. Mes travaux, d'abord fondamentaux, m'ont naturellement amené à évaluer leurs applications possibles, car j'ai toujours fait mienne cette pensée de Pasteur qui, en 1863, écrivait : *"Il n'y a pas de science appliquée, mais des applications de la science, ce qui est bien différent".*

**

Ma carrière universitaire s'est déroulée simplement. Après mes années d'apprentissage de la science et un court passage dans le secteur para-médical privé, je suis devenu d'abord Pharmacien-chef du Centre Hospitalier Régional et Universitaire de Saint-Etienne, puis Maître de Conférences Agrégé à la Faculté mixte de Médecine et de Pharmacie de Lyon, où j'ai enseigné la Biologie générale et la Botanique. Je fis ensuite un séjour de quelques années à la Faculté des Sciences de Tours, ce qui me permit de nouer des liens précieux avec l'I.N.R.A. Finalement, je fus transféré il y a six ans à l'Université de Paris XII, pour y occuper un poste de professeur de Biologie végétale et de Microbiologie appliquée. Pendant huit ans, également, j'ai été chargé de cours à l'Ecole Nationale Supérieure des Mines de Saint-Etienne où j'ai créé, en 1973, le premier enseignement d'Ecologie appliquée dans une grande Ecole.

Du fait de mes fonctions hospitalo-universitaires, j'ai publié plusieurs articles et dirigé quelques thèses de Médecine ou de Pharmacie. Mais l'essentiel de mon activité scientifique s'est déroulé dans la voie qui avait été tracée par mes Maîtres.

**

Mes recherches ayant été essentiellement biocénologiques, il importe d'en bien définir l'objet.

Une biocénose est constituée par les différentes espèces végétales supérieures, animales, microbiennes qui, groupées chacune en populations, vivent dans le même milieu et forment avec lui un ensemble stable : l'écosystème.

Chaque biocénose possède une organisation énergétique et nutritionnelle, trophique en un mot, définie, et un métabolisme propre. Elle a une structure ordonnée, car les organismes qui la composent, se distribuent dans l'espace et dans le temps, de manière à utiliser au mieux les conditions offertes par le milieu abiotique. Entre eux, se développent des relations complexes de coopération, de compétition, d'antagonisme… et ces ensembles d'espèces obéissent à des lois numériques qui rendent compte des variations de leur abondance et dont l'étude est appelée dynamique des populations.

Dans les écosystèmes, les décomposeurs, c'est-à-dire principalement les Bactéries et les Champignons, forment des communautés particulières : les microbiocénoses, petites, mais très actives. Leur rôle est important dans la mesure où d'une part l'évolution de la matière organique morte du système, et donc la nutrition minérale des plantes, dépend d'eux, et, d'autre part, ils ont des relations plus ou moins directes avec les autres espèces composant la biocénose.

Il y a donc deux moyens d'aborder leur étude : soit par l'examen des conséquences métaboliques de leur activité, soit en analysant leurs systèmes de régulation. Mais comme ces organismes vivent dans un milieu complexe : le sol, les sédiments…, plus qu'ailleurs encore, la question des méthodes est tout à fait primordiale.

Participant en 1957, au Colloque International de Louvain, consacré aux méthodes en Microbiologie des sols, où j'avais été envoyé par le C.N.R.S., puis en 1958, à celui de Liverpool sur les méthodes propres à la Mycologie des sols cette fois, je fus confirmé dans le besoin d'infléchir les techniques existantes que j'avais pourtant adoptées au début de mes recherches. Sous l'influence de Madame J. ZIEMIECKA, j'ai consacré alors une partie importante de mon activité scientifique à la méthodologie et je n'ai pas arrêté de m'en préoccuper depuis.

**

Le suivi de l'activité décomposante des microbiocénoses permet de mettre en évidence et de mesurer le métabolisme de la matière organique qui, pour une part, leur sert de support ; son importance est grande en écologie et en agronomie. J'ai consacré ma seconde thèse à des recherches physiologiques sur les groupes d'organismes spécialisés dans telle ou telle activité métabolique, mettant au point des méthodes d'estimation de ces groupements spécialisés, que j'ai complétées, plus récemment, avec J. BRISOU, par la mesure de l'activité enzymatique fonctionnelle des microbiocénoses en général.

Par ailleurs, avec mon élève L. THIAM, j'ai élaboré une technique d'évaluation du "potentiel hétérotrophe" des sols, dérivée des travaux de PARSONS et de HOBBIE, sur l'eau : on apprécie la production cellulaire hétérotrophe, en mesurant la vitesse d'assimilation du glucose ou de tout autre métabolite marqué au 14C. Représentant le métabolisme microbien, ce potentiel fournit donc une évaluation directe de la capacité biodégradatrice du milieu. Actuellement, avec L. THIAM, j'applique ces méthodes, complétées par une mesure originale de l'A.T.P. sur des suspensions-dilutions de terre, à l'étude de sols de la presqu'île du Cap Vert, au Sénégal.

Mais, du fait de mes préoccupations biocénologiques, j'ai surtout orienté mon effort sur des techniques en rapport avec la régulation des systèmes étudiés. Pour cela, le plus difficile est certainement d'atteindre les micro-habitats où, souvent, Bactéries et Champignons sont inclus. J'ai travaillé sur ces problèmes avec les mycologues de Liverpool dès 1958 et, avec eux, j'ai mis au point une méthode d'isolement direct des Champignons du sol. Puis, seul ou avec des élèves, j'ai perfectionné la méthode des lames enfouies de ROSSI-CHOLODNY-ZIEMIECKA ; j'en ai fait une technique plus élaborée, qui permet de suivre l'évolution des populations de Bactéries, de Champignons, d'Algues, de Protozoaires… dans la plupart des milieux en fonction du temps. Elle autorise désormais le suivi dynamique *in situ*, de populations de toute nature, leur isolement et même la mesure directe et comparée de leurs biomasses.

Par ailleurs, isolant avec les techniques habituelles et déterminant le plus possible de bactéries, établissant ensuite les bilans de leurs principaux caractères biologiques et biochimiques, j'ai proposé, en étudiant des sols de l'Himalaya népalais, une méthode qui permet de relier les deux aspects : métabolisme et régulation.

**

Mes premières recherches biocénologiques ont été consacrées à l'arbre. Avec les forestiers comtois, j'ai étudié d'abord l'évolution biogéographique du manteau forestier jurassien. A cette occasion, j'ai montré comment la composition des peuplements évoluait en suivant un "gradient d'affinité" qui intervient entre les arbres, le milieu et l'altitude. Simultanément, des recherches écophysiologiques m'ont permis de préciser quelques aspects de l'influence de facteurs, tels que la lumière, sur la croissance des jeunes arbres.

Toutes les forêts du Jura français ont été marquées, parfois de façon presque irréversible, par l'intervention séculaire de l'homme. En s'élevant progressivement, on trouve tout d'abord des forêts de faible altitude que des exploitations excessives ont dégradées, puis des forêts récentes d'Epicéa, en moyenne altitude, souvent ravagées par des Champignons parasites. Enfin, la partie supérieure est couverte de forêts trop âgées ou qui comportent une essence trop dominante, Sapin ou Epicéa, forêts trop pures dont Ph. GUINIER disait qu'elles devraient subir inéluctablement une "évolution nécessaire".

Pour l'étude de ces forêts, mon apport essentiel a été de proposer une approche microbiologique, dont le but principal était de rechercher si les défauts relevés étaient imputables à des Champignons parasites par exemple, ou à d'autres causes.

**

Les forêts âgées ou trop pures ont atteint un état terminal, proche de ce que l'on nomme le climax, stade au cours duquel leur composition en espèces est stable, en équilibre avec le sol et avec le climat. Mais, pour des raisons économiques, l'homme en a bloqué l'évolution normale : cela mène souvent, en deux siècles environ, à une absence totale de régénération des peuplements.

Ce phénomène, connu depuis de CANDOLLE sous le nom de "fatigue des sols", provient de ce qu'une seule espèce végétale très dominante fournit l'essentiel de la matière organique du sol et lui impose donc une composition chimique déterminée. Par le jeu des mécanismes habituels de compétition, d'action toxique de certains composés, etc., on aboutit à une sélection de plus en plus sévère des espèces microbiennes biodégradatrices. Toutes choses restant égales, ces dernières accélèrent encore, et toujours dans le même sens, l'évolution de la matière organique : le phénomène de fatigue des sols ne peut donc que s'aggraver tant que continue à s'appliquer la cause initiale.

J'ai pu montrer à cet égard que l'humus des sols de sapinières anciennes renfermait des substances actives qui inhibaient un fort pourcentage (jusqu'à 75 pour cent) des micro-organismes de terres normales et qui ralentissaient la croissance des racines des plantes. De ce point de vue, il s'ensuivait, en été, la mort par sécheresse des jeunes semis de résineux, faute pour leur système racinaire d'avoir pu atteindre à temps les couches profondes du sol.

Sur un plan plus général, l'évolution progressive ou régressive des groupements végétaux se double donc, sous l'action de pressions de sélections qui en proviennent pour une bonne partie, d'une évolution simultanée qualitative et quantitative des microbiocénoses du sol. La mise en évidence de leurs composants les plus caractéristiques constitue de ce fait une excellente méthode de suivi des groupements végétaux ou de leurs sols et rend compte notamment, de faibles modifications que l'analyse phytosociologique ou pédologique ne sont pas toujours à même de démontrer.

En voici un exemple simple, mais caractéristique : lorsque l'on examine les divers stades d'une hêtraie, on constate que leurs sols contiennent de moins en moins d'*Azotobacter*, bactéries fixatrices libres de l'azote atmosphérique, à mesure que le peuplement vieillit : les sols des forêts âgées n'en contiennent plus. Mais qu'un Pommier ou un Poirier pousse au milieu du peuplement, on trouvera en abondance des *Azotobacter* sous eux. C'est que leur litière, c'est-à-dire leurs feuilles tombées, au contraire de celles des Hêtres, a conduit localement à l'édification de ce que l'on nomme un humus doux, riche en calcium, proche de la neutralité et dont la composition chimique permet aux décomposeurs de se maintenir aisément.

Donc, pour chaque groupement végétal installé sur un type de sol déterminé, correspondent des microbiocénoses endogées, dont la composition en espèces est plus ou moins spécifique. Il s'ensuit qu'en général, les bilans métaboliques ne sont pas les mêmes, sauf lorsque les conditions climatiques deviennent très contraignantes.

Dans ce cas, la végétation continue bien à exercer son action sélective sur les micropopulations. Mais le climat, exerçant une pression encore plus forte, intervient dans les compétitions et influe sur l'activité biochimique des décomposeurs, les amenant à ordonner la matière organique de façon voisine, quelle que soit la couverture végétale. Donc, des espèces microbiennes différentes, vivant dans des sols des groupements végétaux bien différenciés eux aussi, peuvent conduire la matière organique à un degré d'évolution identique. C'est ce que j'ai pu vérifier assez récemment, en étudiant des sols de l'Himalaya népalais que P. OZENDA m'avait confiés au retour de l'une de ses missions. Mais des recherches de ce genre exigent une analyse détaillée des micropopulations elles-mêmes : c'est en ce sens que j'ai pu relier métabolisme et régulation, comme je l'ai indiqué plus haut.

**

L'examen des fluctuations que connaissent les populations de décomposeurs permet de suivre non seulement leur propre dynamique, mais aussi d'expliquer celle des êtres supérieurs avec qui elles ont des liens plus ou moins privilégiés. C'est le cas par exemple des plantes qui, du fait de leurs excrétions racinaires, voient se former autour de leurs radicelles, des gaines de micro-organismes, qui constituent leur rhizosphère. Celle-ci intervient à la fois dans la nutrition minérale et dans la protection sanitaire des végétaux. C'est pourquoi j'ai été amené à étudier cet aspect particulier des relations plantes - micro-organismes au cours de mes recherches forestières.

Le rôle des excrétions, ou exsorptions, racinaires, dans la constitution des rhizosphères, est bien connu. Les végétaux procurent ainsi aux micro-organismes du sol, proches des racines, des sources de carbone et d'énergie, des facteurs de croissance..., qui, par suite du jeu normal des compétitions, associations, etc., concourent ici aussi à la constitution de microbiocénoses particulières. L'influence du sol étant relativement faible, l'analyse de ces populations permet de bien définir l'état de la plante à chaque période de sa vie.

Je m'y suis appliqué en étudiant les dégâts causés par un Champignon supérieur, un Polypore, responsable de la maladie dite du Rond, dans les forêts d'Epicéa récentes, situées à moyenne altitude, du Jura français. J'ai montré que la composition des rhizosphères était fonction de l'état de santé des arbres et qu'elle évoluait parallèlement. De plus, j'ai confirmé le rôle majeur des Champignons antagonistes du parasite : c'est-à-dire les *Penicillium* et surtout le *Trichoderma viride*, assez voisin des précédents. Mes observations sur ce sujet m'ont valu d'être invité par la F.A.O. à une Conférence Internationale, consacrée aux atteintes graves que ce Polypore du Rond provoque dans les forêts de Pins, anglaises et écossaises.

Par ailleurs, ces recherches et surtout celles que j'ai poursuivies ultérieurement sur la colonisation des alluvions de torrents alpins par les plantes supérieures, m'ont permis d'éclairer certains aspects de la constitution de ces populations de .Bactéries et de Champignons qui entourent les radicelles.

La composition des rhizosphères dépend de la coïncidence entre les caractères nutritionnels propres des Bactéries et des Champignons et, qualitativement et quantitativement, la composition chimique des excrétions racinaires des plantes-hôtes. Mais j'ai montré surtout qu'inversement, les végétaux supérieurs paraissent former leur rhizosphère de façon non spécifique, au hasard des espèces bactériennes ou fongiques que rencontrent leurs radicelles lors de leur progression dans le sol. Ceci est évidemment préjudiciable pour la plante, si le hasard leur fait rencontrer un phyto-pathogène compatible.

L'étude des Bactéries et des Champignons des rhizosphères doit donc être considérée comme un élément indispensable de diagnostic en phytopathologie. Parfois même, l'analyse des micro-organismes intra-tissulaires peut aussi s'imposer. En voici un exemple : j'ai étudié des fraisiers dont certains plants étaient fortement attaqués par un Champignon parasite : le *Phytophtora cactorum*, alors que d'autres clones restaient toujours indemnes. Or ces derniers, et ceux-là seulement, hébergeaient des Bactéries fortement antagonistes dans les méats intercellulaires des tissus du collet, c'est-à-dire au ras du sol, là où se produit l'attaque du Champignon. Ces Bactéries, fait assez rare, bloquaient toute culture *in vitro* du pathogène : ce phénomène d'antagonisme suffit à expliquer la prémunition.

**

La fréquentation du Laboratoire d'Ecologie Alpine de la Jaÿsinia, à Samoëns, dirigé par M. HUMBERT, me permit d'étendre mes recherches aux Champignons, puis ensuite aux Bactéries, des délaissés de torrents et des humus bruts provenant de landes alpines. Depuis cette époque, j'ai travaillé constamment sur les sols d'altitude non seulement d'Europe, mais également de l'Himalaya népalais, comme on l'a vu, et du Mont Nimba, en Guinée, grâce, ici, au professeur M. LAMOTTE.

Dans le domaine tropical, j'ai étudié aussi des sols désertiques, provenant de la région de Béni-Abbès, au Sahara ; des sols de la savane de Lamto en Côte-d'Ivoire, et j'examine actuellement des sols sénégalais.

De plus, toujours dans ce domaine, je dirige les thèses de plusieurs chercheurs de l'Institut d'Elevage et de Médecine Vétérinaire des Pays Tropicaux, qu'ils consacrent à des recherches biogéographiques sur le continent africain. Ces travaux portent sur la végétation et sur la répartition de certains virus de petits ruminants, en fonction des écosystèmes. De ce point de vue, des comparaisons sont effectuées avec des isolats des Canaries et des Comores.

**

L'étude des Bactéries et des Champignons des sols apporte souvent des résultats intéressants du point de vue systématique. Cet aspect ne m'a pas échappé car, si les sols sont riches en espèces, nombre d'entre elles sont encore inconnues, malgré l'immense effort qui a été accompli par ceux qui ont prospecté le domaine des antibiotiques.

Utilisateur de la systématique, je suis conscient de son importance, trop souvent négligée et je suis persuadé que nous ne pourrons pas nous passer longtemps du potentiel génétique considérable qui est enfoui dans les sols et y reste inexploré. En effet, le génie génétique, apte à créer des souches plus performantes ou plus productives, ne peut, à lui seul, remédier à la crise qui s'annonce dans certains domaines, comme celui des antibiotiques. La nécessité de trouver de nouvelles espèces, productrices possibles de nouvelles molécules actives, s'impose et, avec elle, le développement de la systématique des Bactéries et des Champignons, afin de permettre de réaliser des inventaires de plus en plus complets.

Cette tâche est essentielle au niveau des applications, comme nous venons de le voir. Elle l'est aussi en écologie car, ainsi que l'a noté F. di CASTRI, les recherches biocénotiques, surtout au niveau du sol, ne peuvent pas progresser sans une avancée concomitante de la systématique.

Je n'ai donc pas omis de m'en préoccuper. Avec W. GAMS, notamment, j'ai publié des listes d'espèces de Champignons filamenteux des sols de forêts jurassiennes et surtout des Alpes du Nord. Puis j'ai étudié des centaines de souches bactériennes isolées des sols ou des rhizosphères que j'ai eu à examiner et dirigé une thèse sur les Champignons prédateurs de certains Vers : les Nématodes. Enfin, avec L. THIAM, je me suis occupé des Champignons du sol responsables de la lixiviation microbienne du cuivre.

**

"Un premier regard sur un milieu inconnu est toujours utile" a écrit aussi F. di CASTRI. C'est pourquoi, dans la mesure du possible, je continue mes recherches de prospection sur les sols de régions du monde, mal connues de ce point de vue.

Cependant, dans ce genre d'études on ne saisit en général qu'un petit nombre d'informations sur une multitude. Pour cette raison, et conscient du fait que l'on ne peut se contenter d'une expression analytique pour comprendre la diversité des microbiocénoses, j'ai orienté la partie la plus importante de mon activité scientifique actuelle vers l'étude de milieux simplifiés.

Un séjour, assez long dans la Marine Nationale, puis la fréquentation à Poitiers, du laboratoire du professeur J. BRISOU, m'ont donné une bonne connaissance de la chimie et de la microbiologie des eaux douces et marines. La comparaison ultérieure de la microbiologie des sols et des eaux a été facile et m'a aidé grandement dans mes recherches actuelles.

Les conditions du mouvement, à travers les sols, des substances organiques et des micro-organismes polluants, ont été très étudiés, depuis PASTEUR, par les premiers hygiénistes, puis trop souvent oubliées ensuite, jusqu'à une période récente. Pourtant, Bactéries, Champignons, Parasites et même Virus, constituent d'excellents traceurs des pollutions. Encore faut-il savoir les choisir et surtout les suivre. Leurs mouvements dans les sols, en direction des nappes hydriques, sont en effet complexes et difficiles à étudier.

J'ai abordé la question en m'adressant à des modèles physiques, dont certains sont de très grande taille, dans lesquels un sol, représenté le plus souvent par une colonne de sable, mélangée ou non d'argile selon les cas, est parcouru par un fluide porteur : l'eau. J'ai travaillé aussi, avec R. CABRIDENC, en milieu uniquement liquide et en cultures continues.

En adaptant ces modèles, j'ai étudié l'action de micropopulations mixtes sur divers composés chimiques et réciproquement. J'ai montré par exemple que l'arrivée dans un milieu d'un composé organique donné, modifie très rapidement toutes les micropopulations présentes, par toxicité, par compétition ou les deux à la fois. L'une des conséquences de ces modifications a été l'élimination quasi-complète des indicateurs classiques de pollution fécale. Cela remet en cause cette notion même, surtout en raison de la complexité chimique des rejets actuels qui interdit toute prévision. Les conséquences épidémiologiques de ces faits sont évidemment appréciables.

En raison de plusieurs ces recherches, j'ai été invité, depuis 1980, à plusieurs Colloques ou Conférences Internationales consacrés à la pollution chimique et microbienne des nappes et des eaux souterraines des régions calcaires, ainsi qu'aux problèmes écotoxicologiques qui se posent couramment.

**

Pour terminer, je souhaite préciser l'esprit de ma candidature à la Chaire de Cryptogamie du Muséum National d'Histoire Naturelle, actuellement vacante.

Le Muséum est un établissement original, qui comporte des Laboratoires de recherche et d'enseignement, auxquelles sont adjointes des collections dont les plus anciennes sont tricentenaires et remontent donc aux origines de la systématique moderne. Ces collections ont été régulièrement enrichies par des explorateurs, dont certains ont appartenu ou appartiennent au Muséum, mais dont beaucoup furent des chercheurs indépendants. Ceci souligne nettement le caractère de cet Etablissement qui est ouvert sur l'extérieur et notamment sur le milieu tropical, par l'exploration des richesses naturelles du monde, leur étude écologique et leur protection. J'ai indiqué au début de cet exposé à quel point j'ai été influencé dans ce sens par Roger HEIM et par Henri HUMBERT, dont des ouvrages tels que "Un Naturaliste autour du monde" ou "Une merveille de Madagascar : le massif du Marojejy" sont à mes yeux des chefs d'œuvre.

En outre, M. HEIM avait clairement perçu la nécessité de dépasser cette mission d'exploration, d'étude des collections, d'ouverture au public, pourtant fondamentale, en abordant aussi certaines applications. Ainsi ce Maître, qui avait fait une œuvre scientifique considérable, notamment sur les Champignons du genre *Inocybe*, aborda plus tard, avec des ethnologues, des chimistes, des pharmacologues..., donc en équipe pluridisciplinaire, l'étude des produits actifs présents dans les Champignons hallucinogènes dont, par ailleurs, il fit l'étude fondamentale.

De par ma formation de systématicien et d'écologiste, mais aussi de pharmacien, du fait de mon ouverture actuelle sur les biotechnologies et soutenu par mon passé scientifique, je souhaite pouvoir accéder à la Chaire que ce Maître a illustrée, dans un esprit de respect de la tradition, mais aussi d'ouverture sur les orientations actuelles de la science et de ses applications.

Curriculum vitae

Titres

1955 : Pharmacien - Faculté de Nancy.

1954 et 1956 : Certificats de Licence de Sciences Naturelles – Besançon.

1956 : Stage à l'Institut Pasteur – Paris.

1968 : Docteur ès sciences naturelles – Faculté des Sciences de Caen.

1969 : Admissible à l'Agrégation d'Hygiène (non candidat à l'admissibilité définitive) et Admis définitivement à l'Agrégation de Biologie végétale des Facultés de Pharmacie.

Fonctions exercées

1953-1954 : Préparateur à l'Ecole de Médecine et de Pharmacie de Besançon.

1955-1956 : Stagiaire de Recherches du C.N.R.S., Faculté des Sciences de Besançon (sur rapport du Professeur R. HEIM).

1956-1962 : Assistant, puis Chef de Travaux et, simultanément, chargé de cours de Botanique et Cryptogamie, puis de Bactériologie à l'Ecole Nationale de Médecine et Pharmacie de Besançon.

1962-1967 : Disponibilité pour convenances personnelles (exercice dans le secteur privé).

1967-1974 : Pharmacien-Chef du Centre Hospitalier Régional et Universitaire de Saint-Etienne.

1969-1974 : Maître de conférences agrégé à la Faculté mixte de Médecine et Pharmacie de Lyon, puis à l'Université de Saint-Etienne (Biologie végétale puis Biogéographie Végétale et Ecologie).

1973-1975 : Expert près la Cour d'Appel de Lyon.

1973-1981 : Chargé de cours à l'Ecole Nationale Supérieure des Mines de Saint-Etienne.

1974-1977 : Maître de conférences à l'Université de Tours (Biologie générale et Microbiologie).

Depuis 1977 : Professeur à l'Université de Paris XII (Biologie végétale et Microbiologie appliquée). Organisation de la partie Biotechnologie du Hall de techniques Industrielles, créé en 1979. Chargé de cours au D.E.A. d'hydrologie (université de Paris VI) et Directeur du D.E.S.S. de Productions végétales et animales et Technologies agro-alimentaires en Régions chaudes (Université de Paris XII et Institut d'Elevage et de Médecine Vétérinaire des Pays Tropicaux de Maisons-Alfort).

Autres fonctions

1960-1968 : Membre correspondant du Conseil National pour la Protection de la Nature.

Depuis 1968 : Membre du Comité scientifique de Microbiologie et Biochimie, de la Commission internationale pour l'Exploration scientifique de la Mer Méditerranée (C.I.E.S.M., Monaco).

1973-1976 : Membre du Bureau de l'Assemblée des Directeurs de Maîtrises de Sciences et Techniques.

Depuis 1973 : Membre du Conseil Scientifique du Parc Régional du Pilat.

1978 : Membre suppléant du conseil des Réserves de Haute-Savoie.

Depuis 1978 : Invité permanent de l'Académie de Marine.

1981 : Membre de la Commission AFNOR Ecotoxicologie et Pollution des sols.

Distinctions

1957 : Médaille d'Argent de la Société Nationale d'Acclimatation de France et de Protection de la Nature.

1973 : Grande Médaille de l'Association Française pour l'Avancement des Sciences.

1976 : Chevalier de l'Ordre National du Mérite (à titre militaire).

1979 : Médaille des Services Militaires Volontaires.

Situation militaire

Depuis 1981 : Pharmacien-Chimiste en Chef des Armées (Marine, R.).

Stages à l'étranger

1958, puis 1962 : Université de Liverpool (Mission du Ministère de l'Education Nationale, puis du British Council) : Champignons du sol.

1961 : Université d'Innsbruck : Champignons du sol.

1971 : Institut Polytechnique Fédéral, Zurich : Taxonomie végétale.

Congrès et colloques

Participation aux Congrès internationaux de Botanique (Paris, 1954) et de Science du sol (Paris, 1956) ; aux principaux colloques de la Société française de Microbiologie depuis 1956 en Microbiologie du sol, des eaux et Microbiologie industrielle.

Organisation du Congrès international Pharmacia Mediterranea, Lyon, 1974.

Invité à :

- Colloque de Microbiologie du sol, Louvain. 1957 (Mission C.N.R.S.).
- Colloque sur l'Ecologie des Champignons du sol, Liverpool, 1958.
- Conférence internationale (F.A.O.) sur le *Fomes annosus*, Inverness (Ecosse), 1960 (seul invité français).
- Colloques de la Commission Internationale pour l'Exploration Scientifique de la Mer Méditerranée : depuis 1968.
- Réunion du Cercle des Aciers spéciaux (problèmes de corrosion biologique). Ecole d.es Mines, Saint-Etienne, 1972.
- Symposium sur l'action de l'homme sur la végétation au quaternaire (Approche biologique des quinze derniers millénaires), Montpellier, 1974.
- Observateur à l'Audition Parlementaire du Conseil de l'Europe, à Strasbourg, sur la pollution des eaux du Rhin, 1979.

- Coordinateur et Rapporteur du Thème : Pollution accidentelle ou criminelle des nappes hydriques, du 4ème Colloque International sur les Eaux souterraines, et à la 3ème Conférence Internationale sur la Planification des eaux (C.E.E. et F.A.O.), Catania – Taormina, 1980.
- Colloque sur la Protection des Eaux souterraines karstiques, Besançon, 1980.
- Coordinateur et Rapporteur du Thème : la Toxicologie dans ses rapports avec la pollution des eaux. Atelier européen sur la potabilité des Eaux (Conseil de l'Europe). Padoue, 1981.

Autres invitations pour conférences

Université de Neuchâtel (1964) ; Marine Nationale (1969 - 1970 - 1980) ; Institut Polytechnique Fédéral de Lausanne (1980) - Journées sur la pollution des eaux souterraines karstiques, Bruxelles (1982).

Publications et travaux dirigés

- Nombre de publications personnelles : une centaine (dont un ouvrage).
- Nombre de travaux de recherche dirigés : 2 thèses de Doctorat d'Etat et 1 thèse de Doctorat d'Université de Sciences ; 1 thèse d'Ingénieur-Docteur ; 4 thèses de Doctorat d'Etat et 1 Thèse de Doctorat d'Université en Pharmacie ; 2 thèses de Doctorat en Médecine ; 4 thèses de Doctorat de 3ème cycle ; 13 D.E.A. ; 18 D.E.S.S. ; 10 mémoires de Maîtrise.
- Nombre de travaux de recherche en cours : 5 thèses de Doctorat d'Etat et 4 thèses de Doctorat de 3ème cycle de Sciences.

Principales responsabilités administratives

- Responsable des enseignements de Botanique et Cryptogamie. Ecole Nationale de Médecine et Pharmacie de Besançon, 1956-1961.
- Gestion de la pharmacie hospitalière du C.H.U. de Saint-Etienne (dernier budget géré : 15 millions), 1967-1974.

- Responsable des enseignements de Biologie à l'U.E.R. de Sciences (et du Laboratoire correspondant) et de Biogéographie à l'U.E.R. de Lettres de l'Université de Saint-Etienne, 1972-1974.

- Co-Directeur du Centre d'Etudes Supérieures d'Aménagement (C.E.S.A.) de l'Université de Tours, 1975.

- Responsable du certificat C4 de Microbiologie et du Laboratoire correspondant, Faculté des Sciences de Tours, 1975-1977.

- Chargé de Mission auprès du Président de l'Université de Tours et Directeur de la Cellule d'Information et d'Orientation de cette Université, 1976-1977. Dans le cadre de ces fonctions : organisation du 1er Colloque National des Directeurs des cellules d'Information et d'Orientation des Universités françaises, Tours, juin 1977.

- Responsable des enseignements de Systématique et Organisation Végétale, et de Microbiologie (et du Laboratoire correspondant) à l'Université de Paris XII, depuis 1977.

- Co-Responsable de la Maîtrise de Sciences et Techniques de Génie sanitaire et Environnement de l'Université de Paris XII : 1978-1981.

- Directeur du D.E.S.S. "Productions agro-pastorales, élevage et productions alimentaires en régions chaudes" (avec l'I.E.M.V.T.) : depuis le 1/10/1981. (I.E.M.V.T. = Institut d'Elevage et de Médecine Vétérinaire des Pays Tropicaux).

Annexe 3 : publications de Richard Moreau

Nous donnons ci-après une liste aussi exhaustive que possible des publications de Richard Moreau, que son ami le professeur Francis Weill a qualifié d'*auteur prolixe* et d'*une érudition incroyable*[1].

Publications de Richard Moreau en histoire des sciences

Ouvrages :

- *Naturalistes oubliés, savants méconnus* (avec Yves Delange et Paul Ozenda). L'Harmattan, Paris, 2013.
- *Eléments d'histoire agricole et forestière* (avec Jean Boulaine et Pierre Zert). L'Harmattan, Paris, 2010.
- *Pasteur et Besançon : naissance d'un génie.* L'Harmattan, Paris, 2010.
- *Louis Pasteur : de Besançon à Paris, l'envol.* L'Harmattan, Paris, 2003.
- *Les deux Pasteur : le père et le fils.* L'Harmattan, Paris, 2003.

---

[1] Cf. *L'Archange*, hommage à Richard Moreau publié in *Folie du monde et vertige des religions : mémoires d'un vieux médecin.* L'Harmattan, Paris, 2016. Un rapport rédigé vers 1970 évoquait le *tempérament curieux, de type naturaliste, très actif* de Richard Moreau, ainsi que les deux principes qui guidaient ses recherches : *rester dans un domaine de recherches de type écologique mais avec un infléchissement de plus en plus marqué vers l'analyse des rapports du microbisme et du milieu naturel ambiant ; souci permanent de travailler sur des sujets qui permettraient de déboucher sur des applications pratiques, sans exclure pour autant la possibilité de dégager telle ou telle conséquence plus fondamentale.*

- *Jules Marcou (1824-1898) précurseur français de la géologie nord-américaine* (avec Michel Durand-Delga). L'Harmattan, Paris, 2003.
- *Olivier de Serres et l'évolution de l'agriculture* (avec Jean Boulaine). L'Harmattan, Paris, 2002.
- *Préhistoire de Pasteur*. L'Harmattan, Paris, 2000[2].

Articles :

- *Pro Natura*. La Racontotte n. 91, 2011, pp. 5-16.
- *Pasteur oublié* (extraits). Acad. Sci. Belles-Lettres et Arts de Besançon et de Franche-Comté, PV et Mém., 2009-2010, pp. 133-140.
- *Le mystère Pasteur*. Acad. Sci. Belles-Lettres et Arts de Besançon et de Franche-Comté, PV et Mém., 2003-2004, pp. 251-261.
- *La vie rurale à Mouthe au XVIIe siècle : les ancêtres de Pasteur* (avec Françoise Barthelet). Acad. Sci. Belles-Lettres et Arts de Besançon et de Franche-Comté, PV et Mém., 1998-1999.
- *Charles Nodier naturaliste*, par Richard Moreau. Acad. Sci. Belles-Lettres et Arts de Besançon et de Franche-Comté, PV et Mém., 1998-1999, pp. 215-237.
- *Le docteur Antoine Magnin, 1848-1926, et la botanique bisontine au tournant du dix-neuvième siècle*. Acad. Sci. Belles-Lettres et Arts de Besançon et de Franche-Comté, PV et Mém., 1996-1997, pp. 341-366.
- *Jules Marcou (1824-1898), précurseur français de la Géologie nord-américaine*. C.R. Acad. Sci. Paris, Série générale, *La Vie des Sciences*, 1996 (avec M. Durand-Delga).
- Article *La Microbiologie au XIXe siècle. Dictionnaire du XIXe siècle*, sous la direction du Pr Jean Bernard. Presses Universitaires de France, Paris, 1995.

---

[2] *Ce travail comptera pour l'analyse future des grandes découvertes de la microbiologie au cours de la seconde moitié du XIXe siècle par l'accent qu'il met sur le terrain où se sont produites ces découvertes.* Antoine Danchin, *La Recherche* n. 352, avril 2002, p. 82.

- *Louis Pasteur et la renaissance de l'Université française.* Colloque « Savant et Société aux XIXe et XXe siècles » (Dole, 18-19 mai 1995), pp. 31-59.
- *L'année mondiale Pasteur. Les enseignements d'un centenaire. Mém. Soc. Emul. Doubs*, NS, **37**, 1995, pp. 97-118.
- *Rusticus miles ou de Cincinnatus à Jean-Joseph Pasteur.* "Autour de Louis Pasteur", n° spécial de : "Cahiers dolois", 1995, n° 11, pp. 228-242.
- *Louis Pasteur : des ancêtres paysans aisés du Haut-Doubs* ; [suivi de] *Besançon : l'étape clef du Collège royal* ; [suivi de] *La tentation bisontine et les vertus comtoises. Le Jura français*, 1995 (juil.-déc.), n° 227-228, pp. XX-XXIV.
- *La filiation intellectuelle de Pasteur : influence des Lumières.* "Autour de Louis Pasteur", n° spécial de : "Cahiers dolois", 1995, n° 11, pp. 273-286.
- *L'influence de l'atavisme familial comtois dans l'œuvre de Louis Pasteur.* 13e congrès national de généalogie, Besançon, 1995 (résumé seulement).
- *Pasteur et Besançon,* discours de réception par le Professeur Richard Moreau[3]. Acad. Sci. Belles-Lettres et Arts de Besançon et de Franche-Comté, PV et Mém., 1994-1995, pp. 239-256.
- *Un savant dérangeant : Jules Marcou (1824-1898), géologue français d'Amérique.* Trav. Comité Fr. Hist. Géol. (COFRHIGEO), 3e S., VIII, 6, pp. 55-82 (avec M. Durand-Delga, 1994).
- *Une Maison forestière au Musée de plein air des maisons comtoises de Nancray.* Société forestière de Franche-Comté, 1993, t. 45, n° 3-4, pp. 96-102.
- *Jules Marcou (1824-1898) ou "le diable au corps".* Acad. Sci. Belles-Lettres et Arts de Besançon et de Franche-Comté, PV et Mém., **190**, 1992-1993, pp. 153-196.

[3] Il avait été élu membre titulaire le 5 décembre 1994.

- *Pasteur et les vignerons d'Arbois.* Acad. Sci. Belles-Lettres et Arts de Besançon et de Franche-Comté, PV et Mém., 1992-1993, pp. 359-386.
- *Les expériences de Pasteur sur les générations spontanées. Le point de vue d'un microbiologiste. 1ère partie : la fin d'un mythe.* C.R. Acad. Sci. Paris, Série générale, *La Vie des Sciences*, 9, 3, 331-360, 1992.- *2ème partie : les conséquences.* Id., 9, 4, 287-321, 1992.
- *Le professeur Henri Humbert à la Jaÿsinia et les progrès récents de la floristique alpine.* 116e Congr. Soc. Sav., Les scientifiques et la montagne. Paris, p.27-38, 1991.
- *Louis Pasteur "novice" au Collège Royal de Besançon.* Acad. Sci. Belles-Lettres et Arts de Besançon et de Franche-Comté, PV et Mém., 1990-1991, pp. 9-46.
- *Les deux candidatures de Pasteur à l'Académie Française.* Acad. Sci. Belles-Lettres et Arts de Besançon et de Franche-Comté, PV et Mém., 1990-1991, pp. 47-83.
- *Réflexions sur les forestiers comtois.* Acad. Sci. Belles-Lettres et Arts de Besançon et de Franche-Comté, PV et Mém., 1990-1991, pp. 419-461[4].
- *Le dernier pli cacheté de Louis Pasteur à l'Académie des Sciences (suivi d'un jugement inédit de Pasteur sur les travaux d'Emile Duclaux). La Vie des Sciences*, Compte rendus, série générale, 6, n°5, pp. 403-434, 1989[5].
- *Jean-Baptiste Biot, volontaire de la République.* 114e Congr. Soc. Sav., Scientifiques et Révolution. Paris, pp. 117-144, 1989.

---

4 Egalement publié dans le bulletin de la Société forestière de Franche-Comté et des provinces de l'Est, Besançon, XLIV, 6 juin 1991, pp. 9-38.

5 Cet *important mémoire* (Jean Théodoridès, in *Revue d'histoire de la pharmacie*, 1995, vol. 83, n. 307, p. 454) révèle le rôle primordial joué par Emile Duclaux dans les travaux de Pasteur sur la maladie des vers à soie.

- *Les expériences de Pasteur sur la génération spontanée*. Les cent ans de l'institut Pasteur, colloque international sur l'histoire de l'institut Pasteur, Paris, 6-10 juin 1988.
- *La vaccination et le prix de vertu de Jean-Baptiste Jupille (à propos d'un texte de Maxime du Camp)*. Ann. Inst. Pasteur Lyon, 19, 3, pp. 263-274, 1986.
- *La rage de l'Antiquité au Siècle des Lumières*. Inform. Tech. Vét., numéro spécial : Pasteur et la rage, pp. 19-28, 1985.
- *Notes sur Pasteur et la rage : à propos de quelques lettres ou documents inédits*. Id., pp. 69-85, 1985.
- *Un vétérinaire militaire comtois, missionnaire de la vaccination : Auguste Picheney (1843-1889)*. Id., pp. 99-105, 1985.
- *"Pasteur et la rage", 1885-1985, hommage à Pasteur : centième anniversaire de la vaccination contre la rage*. Acad. Sci. Belles-Lettres et Arts de Besançon et de Franche-Comté, PV et Mém., 1984-1985, pp. 323-346.
- *Les expériences publiques de Pasteur à Pouilly-le-Fort : à propos d'un centenaire*. Acad. Sci. Belles-Lettres et Arts de Besançon et de Franche-Comté, PV et Mém., **184**, 1981, pp. 257-281.
- *Quelques aspects de l'évolution scientifique de l'agriculture et leur retentissement en Franche-Comté*. In *Franche-Comté et Jura, la nature et les hommes : évolution du monde rural*. Acad. Sci. Belles-Lettres et Arts de Besançon et de Franche-Comté, PV et Mém. (Volume 178 bis), Congrès régional des Sociétés savantes, Vesoul, 26 et 27 septembre 1970, pp. 55-63.

Préfaces :

- André Audoynaud : *Chroniques d'un médecin colonial*. L'Harmattan, Paris, 2011.
- Yves Delange : *Jean-Henri Fabre et Louis Pasteur : conversation au bord de la Sorgue*. L'Harmattan, Paris, 2011.
- René Vallery-Radot : *La vie de Pasteur*. L'Harmattan, Paris, 2009.

- Roger Teyssou : *Dictionnaire des médecins, chirurgiens et anatomistes de la Renaissance.* L'Harmattan, Paris, 2009.
- Roger Teyssou : *Dictionnaire mémorable des remèdes d'autrefois.* L'Harmattan, Paris, 2007.
- Roger Teyssou : *Quatre siècles de thérapeutique médicale du XVIe au XIXe siècle en Europe.* L'Harmattan, Paris, 2007.
- Jean-Pierre Gratia : *Microbiologie et biologie moléculaire en Belgique : histoire des premiers artisans.* L'Harmattan, Paris, 2001.
- Martine Bellague-Verrière et Jean-Marie Gallois : *Généalogie des familles Pasteur.* Imprimerie Bialec, Nancy, 1999.
- Catalogue de l'exposition « Le savant et son temps ». Diffusion de la pensée scientifique de Jean d'Alembert à Louis Pasteur. Coll. (Re)Découvertes, éditée par la Direction du Livre et de la Culture, Paris, 1995, pp. 7-10.

Publications de Richard Moreau en sciences

Ouvrages :

- *La forêt comtoise* (avec René-André Schaeffer). Société forestière de Franche-Comté et des provinces de l'Est, Besançon, 1990.
- *Sol, microflore et végétation* (avec Bernard Boullard). Coll. *Evolution des Sciences*, Masson, Paris, 1962.

Articles :

- Marie-Françoise Thorel, Joseph O. Falkinham III et R.G. Moreau : *Environmental mycobacteria from alpine and subalpine habitats.* FEMS Microbiology Ecology 49 (2004), 343-347.
- *Le charbon bactéridien (Bacillus anthracis), son emploi dans l'agression biologique artificielle.* Bull. Soc. Vaud. Sc. Nat., 88.4, p. 421-443 (2002).

- *Molecular characterization of environmental Mycobacterium strains by PCR-restriction fragment length polymorphism of hsp 65 and by sequencing of hsp 65 and of 16S and ITS1 rDNA* (avec Marie-Claude Leclerc, Nadia Haddad et Marie-Françoise Thorel), Res. Microbiol. 151 (2000), pp. 629-638.
- *Aspects physiques et biochimiques de l'immobilisation des bactéries sur les surfaces*. C.R. Acad. Agric. Fr., 1998, 84, n. 8, pp. 75-88 (séance du 2 décembre 1998).
- *Elaboration d'une méthodologie d'évaluation d'une aérobiocontamination de surface : survie d'un aérosol d'*Enterococcus faecalis *et* Pseudomonas fluorescens *déposé sur une surface inerte* (avec E. Robine, M. Attoui et D. Dérangère). Actes du 13e congrès français sur les Aérosols CFA 97, Paris, 2-3 décembre 1997.
- *Les bases de l'aérobiologie*. Exposé d'ouverture du congrès français d'études et de recherches sur les aérosols, Paris, 5-6 décembre 1995.
- *Le lion de chez nous*. *Regards sur le Haut-Doubs*, 4ème trimestre 1995-1er trimestre 1996, pp. 7-14.
- *La forêt et le bois à l'écomusée d'Alsace*. Bulletin de la Société forestière de Franche-Comté et des provinces de l'Est, tome XLV, 7-8, septembre 1994, pp. 259-268.
- *Désagrégation des structures pédologiques par voie enzymatique*. C.R. Acad. Sci. Paris, 319, sér. II, pp. 331-336, 1994 (avec M. Gaiffe et E. Meyer-Gaouyer).
- *La loi est la loi* (pollution des eaux souterraines). *Regards sur le Haut-Doubs*, fin 1993.
- *Les mycobactéries atypiques des sols subalpins* (avec Marie-Françoise Thorel et Dominique Ebiou). Actes du 116e congrès national des Sociétés savantes, Chambéry, 29 avril - 4 mai 1991 (éditions du CTHS, Paris, 1993), pp. 187-198.
- *Pins jurassiens*. Bulletin de la Société forestière de Franche-Comté et des provinces de l'Est, tome XLV, 1 et 2, mars 1993, pp. 69-76.
- *La reconnaissance des bois. Le bois des Feuillus* (avec Édouard Boureau). Bulletin de la Société forestière de

Franche-Comté et des provinces de l'Est, tome XLV, n. 3-4, juin 1993, pp.103-126.

- *Conséquences sanitaires du devenir des micro-organismes dans les sols*. Avec Jean Vial. C.R. Acad. Agric. Fr., 1993, 79, n. 6, pp. 47-54 (séance du 20 octobre 1993).
- *Mécanismes de rétention et de déplacement des micro-organismes dans les sols*. C.R. Acad. Agric. Fr., 1993, 79, n. 6, pp. 39-46 (séance du 20 octobre 1993).
- *Débusquement enzymatique des mycobactéries dans les milieux naturels* (avec M.-F. Thorel, M. Charvin et D. Ebiou). C.R. Soc. Biol., 1991, 185, 331-337.
- *A propos de deux gymnospermes mineures du Jura : l'if et le genévrier*. Société forestière de Franche-Comté et des provinces de l'Est, n° 5, mars 1991, pp. 3-5.
- *L'arbre et les insectes* (avec R. Schaeffer). Bulletin de la Société forestière de Franche-Comté et des provinces de l'Est, tome XLIV, n. 4, décembre 1990, pp. 5-8.
- *La reconnaissance des bois. II Le bois des Résineux* (avec Édouard Boureau). Bulletin de la Société forestière de Franche-Comté et des provinces de l'Est, n. 1, mars 1990, pp. 12-28.
- *Le monde microbien*. Société d'Histoire Naturelle du Doubs, 16 janvier 1990.
- *Le débusquement enzymatique : applications transdisciplinaires d'une technique née de l'interdisciplinarité* (avec Jean-François Brisou). Actes du 114e congrès national des sociétés savantes, Paris, 1989, pp. 103-119.
- *Trente ans après ou le Forestier et le microbiologiste : à propos de la fertilisation en forêt* (avec René Schaeffer). Société forestière de Franche-Comté et des provinces de l'Est, t. 43, n° 5, mars 1989, pp. 15-28.
- *A propos de la catastrophe de Nîmes : la forêt et le régime des eaux*. Bulletin de la Société forestière de Franche-Comté et des provinces de l'Est, tome XLIII, n. 5, mars 1989, pp. 11-13.
- *La reconnaissance des bois. I Qu'est-ce que le bois ?* (avec Édouard Boureau) Bulletin de la Société

forestière de Franche-Comté et des provinces de l'Est, tome XLIII, 6, 5-23 et 8, 5-21.

- *Les dangers de la forêt (1ère partie).* Bulletin de la Société forestière de Franche-Comté et des provinces de l'Est, tome XLIII, nn. 3-4, septembre et décembre 1988, pp. 11-14.
- *Pastorale forestière.* Bulletin de la Société forestière de Franche-Comté et des provinces de l'Est, tome XLIII, nn. 3-4, septembre et décembre 1988, p. 15.
- *Stratégie d'étude microbiologique des eaux et des sédiments souterrains* (avec Jean-François Brisou). Annales Scientifiques de l'Université de Besançon, Géologie, Mémoire hors-série n. 6, quatrième colloque d'hydrologie en pays calcaire. Besançon 29 septembre – 1er octobre 1988 (publié 1989, tome 1, pp. 41-48).
- *Le ténia du renard.* Bulletin de la Société forestière de Franche-Comté et des provinces de l'Est, n. 8, décembre 1983, pp. 209-213.
- *Application de la télédétection par infra-rouge, pour l'analyse des sources de pollution des eaux du Val-de-Marne.* Doc. Cartogr. Ecol., vol. 24, 1982 (avec Pierre de Félice).
- *Intérêt biogéographique de la méthode des lames enfouies.* Doc. Cartogr. Ecol., vol. 24, 1982.
- *Aspects actuels de la pollution occasionnelle ou volontaire des nappes hydriques.* Journée d'études sur la protection des eaux karstiques, SNDE, CNPSS, Bruxelles, 29 novembre 1982, pp. 4-32.
- *Microbiologische ecologie en hygiëne van de ondergrond. Hydrographica* (Belgíque),, IX, 2-1982, pp. 7-21.
- *Intérêt de la méthode enzymatique dans l'étude de la production d'hydrogène sulfureux au niveau des sédiments marins.* XXVIIIe Congr. C.I .E.S.M., Cannes 1982 (avec J. Brisou et F. Fernex).
- *La toxicologie dans ses rapports avec la potabilité des eaux.* Atelier Européen sur la Toxicologie et la

Potabilité des Eaux, Conseil de l'Europe, Padoue, sept. 1981.

- Poster : *Etude sur modèles de l'évolution hydrodynamique d'alcanes en présence de populations microbiennes mixtes*. 4e J. Scient. et Techn. : l'Eau, la Recherche, l'Environnement. Minist. Environn. et Cadre de Vie, Paris, 13-15 oct. 1981.
- *Essai de biodégradation d'alcanes en modèles physiques*. Coll. Groupe Dispersion et Echanges en milieu poreux, Nancy, 1980, 3 p.
- *Aspects épidémiologiques liés à la pollution des nappes souterraines*. 4e Coll. Intern. Eaux souter., Catania-Taormina, fév. 1980.
- *Recherches bactériologiques sur trois sols du Népal*. Rev. Gén. Bot., 87, pp. 97-121, 1980 (avec Annie Montcouyoux[6]).
- *Ecologie microbienne et hygiène du milieu souterrain*. Actes du 1er Colloque national sur la protection des eaux souterraines karstiques, Besançon, avril 1980. - Besançon, 1981. - pp. 315-340.
- *Note sur des aspects particuliers d'atteinte biologique et chimique concernant les nappes et aquifères souterrains*. Etude destinée à la Protection Civile. 1980 (non publiée).
- *Recherches sur l'enzymologie fonctionnelle de quelques sédiments marins*. XXVIIe Congr. - Assemblée Plén. Comm. Intern. Explor. Scient. Mer Méditerranée. Cagliari, 1980.
- *Sur quelques Bacillus isolés en Mer Méditerranée*. Rev. Cytol. Biol. Vég. Bot., année 1978, n° 1, pp. 405-412 (avec J. Brisou et H. de Barjac).
- *L'œuvre d'un médecin-microbiologiste : entretien avec Jean Brisou*. *Ouest Médical*, 30, 21, 1517-1533 ; 30,

[6] Richard Moreau fut rapporteur de la thèse d'Annie Montcouyoux, dirigée par le prof. Paul Ozenda, et soutenue à Grenoble en juillet 1976 : *Recherches microbiologiques sur quelques sols d'altitude, application de la méthode des lames enfouies*.

22, 1615-1621 ; 30, 23, 1705-1713, 1977. Regroupé en un fasc. (avec R. Vargues et div. coll.).

- *Identification de bactéries isolées en haute mer Méditerranée*. CIESM. Rapports et P.V. de Réunions, 23, 6, 113-114, 1976 (avec J. Brisou).
- *Bactéries à Gram négatif n'appartenant pas au groupe des Entérobactériacées. Importance en milieu marin.* Id., 23, 6, 133-135, 1976 (avec J. Brisou et coll.).
- *Intérêt de la méthode des gazes flottées et immergées et du plancton pour la surveillance de l'eau de mer.* 2e J. Et. Pollutions, CIESM., 149-151, 1975 (avec J. Brisou et coll.).
- *Sur une technique d'étude de l'ammonification dans les sols et la recherche d'un point C/N d'ammonification.* Bull. Soc. Pharm. Lyon, 1974.
- *Sur quatre souches de Bactéries antagonistes du Phytophtora cactorum, isolées des tissus du collet de fraisiers infectés.* C.R. Coc. Biol., 1974 (avec P. Berthet et G. Dorche).
- *Intérêt de 1'électrophorèse pour la délimitation des espèces dans la famille des Morchellacées.* C.R. Soc. Biol., 1974 (avec P. Berthet et L. Dubourcieu).
- *L'action de l'homme sur la végétation dans le Jura Central.* In. *Approche Géologique des quinze derniers millénaires*, Montpellier, 1974. Bulletin de la Société languedocienne de géographie, t. VIII, fasc. 3-4, pp. 365-376.
- *Enquête épidémiologique sur l'anguillulose chez les mineurs de fond du Bassin de Saint-Etienne.* Bull. Trav. Soc. Pharm. Lyon, XVII, 1, 3-16, 1973 (avec J. Coudert, Mlle G. Dorche et S. Dayoub).
- Carte d'environnement au 1/50.000^{e} : Saint-Etienne. Public. univ. Saint-Etienne, 1973 (avec J. Bethemont).
- *Rapport sur le Contrat Enseignement - Recherches, Esquisse méthodologique d'une Carte de l'Environnement* ; 1 fasc., 19 p., 3 cartes 1973, Chambéry - Grenoble - Saint-Etienne : Rapport collectif sur l'exécution du contrat, rédigé sous la direction de P. Ozenda.

- *Détermination de la D.B.O. et de la D.C.O. ; Analyse bactériologique des eaux et indice biotique*. 1 fasc., 25 p., *in* Cycle de Perfectionnement Méth. Anal. Poll. Eaux, Ec. Nat. Sup. Mines Saint-Etienne, 1972.
- *Recherches sur les protéines du g. Datura. I. Techniques et analyse des graines. Pharmacia Mediterranea*. Xe Congr., Lyon-Grenoble 1972 (paru 1974) p. 101-119 (avec L. Debourcieu).
- *Les particules dans les solutés injectables. II- Influence de la perfusion à des lapins de solutés massifs contenant des particules de concentration et de diamètre connus*. J. Méd. Lyon, 20-2, 1972, 239-244, (avec D. Araud et H. Vignon).
- *Note préliminaire sur la numération des particules dans les solutés injectables*. Ann. Anesth. Franç., 12, 153-160, 1972 (avec H. Vignon).
- *Microbiologie comparée de quelques milieux aquatiques*. Rev. Epidémiol. Méd. Soc. Santé Publ., 20 (2), 195-203, 1972 (avec J. Brisou, C. Tysset et F. Denis).
- *Note préliminaire sur les bactéries isolées de trois sols sahariens*. C. R. Acad. Sci. Paris, 274, pp. 2325-2327, 1972 (avec J. Brisou et A. Coudret).
- *Quelques aspects de la corrosion des métaux par les bactéries. Applications aux aciers*. Mém. Scient. Rev. Métallurg., LXIX, n° 11, 845-852, 1972 (avec J. Brisou).
- *A propos d'une truite malade : étude microbiologique de ses principaux organes et de son environnement*. Bull. Mens. Soc. Lin. Lyon, 40, n° 8, 1971, 237-243 (avec J. Brisou).
- *Evolution comparée de la consommation des antibiotiques dans le Centre Hospitalier de Saint-Etienne depuis 1959. 1ère partie - Etude statistique des consommations en quantité*. Bull. INSERM, n° 5, sept-oct. 1970, pp. 927-936, 1970 (avec H. Berger).
- *Evolution comparée de la consommation des antibiotiques dans le Centre Hospitalier de Saint-Etienne depuis 1959. 2ème partie - Comparaison entre

l'évolution des résistances de quelques bactéries pathogènes et les consommations en antibiotiques en milieu hospitalier. Bull. INSERM, n° 5, sept-oct. 1970, pp. 993-996, 1970 (avec G. Dorche).

- *Evolution comparée de la consommation des antibiotiques dans le Centre Hospitalier de Saint-Etienne depuis 1959. 3ème partie- Etude statistique des consommations en valeur*. Bull. INSERM, n° 5, sept-oct. 1970, pp. 1019-1036, 1970 (avec H. Berger).
- *Inventaire des bactéries halophiles strictes*. Commentaires de Microbiologie du Laboratoire Le Dantec, Poitiers, n° 10, 1-137, 1970 (avec C. Tysset, J. Brisou et F. Denis).
- *La microbiologie des sols - Principes, méthodes et intérêt pratique pour la mise en valeur du Sud-Algérien*. 1er Congr. des Pharmaciens Algériens, Alger, 1970 (avec A.B. Senoussi).
- *Démonstration d'une technique microbiologique de recherche des captanes et des carbamates dans les produits naturels*. Bull. Trav. Soc. Pharm. Lyon, 13 n° 3, 109-111, 1969.
- *La pollution des eaux et ses conséquences épidémiologiques*. Le Pharm. Hosp. Franç., 9, 101-107, 1969.
- *Matériaux pour l'étude pédologique et microbiologique des sols alpins. IV- Recherches bactériologiques sur les alluvions du Giffre. Application de la technique de J. Brisou*. Trav. Lab. Jaÿsinia, à Samoëns (Haute-Savoie). Public. du Mus. Nat. Hist. Nat., pp. 51-65, année 1969.
- *Présence de bactéries halophiles strictes dans les eaux de source et les eaux du lac Chambon*. C. R. Acad. Sci. Paris, 268, pp. 2525-2526, 1969 (avec J. Brisou).
- *Recherches sur les relations entre la microflore et le peuplement végétal de sols jurassiens et alpins. Applications aux forêts*. Th. Sci. Caen, 1 vol. ronéotypé, 145 p. 133 fig., 1968.
- *Recherches sur quelques méthodes d'études de la microflore du sol*. Th. second. Sci. Caen, 1 vol. ronéotypé, 145 p. 110 fig., 1968.

- *Matériaux pour l'étude pédologique et microbiologique des sols alpins. III- Etude d'humus bruts par inoculation de suspensions-dilutions dans les milieux de Lochhead.* Bull. Mus. Nat. Hist. Nat., 40, n° 1, pp. 239-253, 1968.
- *La régénération de l'Epicéa dans les Forêts de haute altitude.* Bull. Soc. For. Fr. Comté et Prov. de l'Est, 34, n° 1, 1-12, et id., n° 2, 33-47, 1968 (avec J. Poly).
- *La Régénération des forêts résineuses dans le Jura.* Bulletin de la Fédération française d'économie montagnarde, 1967-1968, n° 18, pp. 285-301.
- *La régénération de l'Epicéa dans les Hautes-Chaînes du Jura.* C. R. Acad. Sci. Paris, 264, pp. 1789-1791, 1967 (avec J. Poly).
- *Les forêts du Doubs et leur climax.* Cahiers d'Et. Comtoises, 12, Actes Colloque sur la Forêt, Besançon, 21-22 octobre 1966, 283-303, Les Belles Lettres éd. Paris (avec R. Schaeffer).
- *Contribution à l'étude des tourbières et hauts-marais jurassiens.* Notes d'herborisations jurassiennes, *Le Monde des Plantes*, n° 347, 9-10, 1965.
- *Contribution à l'inventaire des populations microbiennes de la Mer Méditerranée.* Atti soc. Pélorit. Sc. Fis. mat. Nat., 10, n° 4, 635-648, 1964 (avec Tysset, J. Brisou et F. Caillère).
- *Sur la présence d'Utricularia ochroleuca Hartm. dans le Jura.* Bull. Soc. Bot. France, n° 7-8, pp. 365-366, 2 fig., 1964 (avec H. de Leiris).
- *Etude sur la chitinolyse en milieu marin.* Ann. Inst. Pasteur Paris, 106, pp. 469-478, 1964 (avec J. Brisou, C. Tysset, Y. de Raullin de la Roy et R. Curcier).
- *Etude bactériologique complémentaire des boues du Port d'Alger.* Arch. Inst. Pasteur d'Algérie, 41, 19-41, 1963 (avec C. Tysset et J. Brisou).
- *Contribution à l'étude des groupements physiologiques microbiens des vases de l'avant-port d'Alger.* Arch. Inst. Pasteur d'Algérie, 41, 3-4, 105-114, 1963 (avec C. Tysset et J. Brisou).

- *Sur l'utilisation de la vanilline par les microorganismes du sol.* C. R. Acad. Sci. Paris, 254, pp. 555-557, 1962 (avec Jacques Augier).
- *Etude de deux échantillons de boue du Port d'Alger.* Arch. Inst. Pasteur d'Algérie, 40, 352-383, 1962 (avec C. Tysset et J. Brisou).
- *Réflexions sur les buts et les méthodes de la Microbiologie des sols. Pédologie*, 12, n° 2, 291-310, 1962 (avec Jacques Augier).
- *Hommages rendus à la mémoire de M. le Directeur Guinier en France : M. Richard Moreau.* In "Mémorial Philibert Guinier 1876-1962", Revue Forestière Française, Numéro spécial 1962(7) : 616-618.
- *Fomes annosus in the French Jura.* Conference and Study tour on Fomes annosus. Scotland, june 1960. Int. Union of for. Res. Organisation, Sect. 24 : Forest Protection. 66-69, Firenze, 1962 (avec R. Schaeffer)
- *Le Fomes annosus et la Forêt française ou les enseignements du Symposium d'Inverness.* Rev. For. Franç., n° 2, pp. 105-118, 1962 (avec R. Schaeffer).
- *Sur la rencontre d'une flore et d'une faune de caractère montagnard, à basse altitude, aux environs de Besançon* (avec Jean Ledoux). Annales scientifiques de l'Université de Besançon, 2e série. Médecine, fasc. 5, 1961, pp. 9-13.
- *Matériaux pour l'étude pédologique et microbiologique des sols alpins. I. Introduction et Etude microbiologique de quelques alluvions du Giffre.* Travaux Labo. Jaÿsinia à Samoëns (Haute-Savoie). Public. du Muséum National d'Histoire Naturelle, 31-46, 1961.
- *Idem. II- Etude microbiologique de quelques humus alpins provenant du Chablais, du Faucigny et du Massif du Mont-Blanc.* Travaux Labo. Jaÿsinia à Samoëns (Haute-Savoie). Public. du Muséum National d'Histoire Naturelle, 46-55, 1961 (avec W. Gams).
- *La technique des répliques et l'observation directe des éléments fongiques de la rhizosphère.* Ann. Inst.

Pasteur Paris, 101, pp. 619-625, 1961 (avec A. Van Effenterre).

- *Sur la destruction de quelques acides aminés par la microflore des sols.* C. R. Acad. Sci. Paris, 252, pp. 154-156, 1961.
- *Les lecteurs parlent : Destruction des plantules par les microorganismes du sol.* Revue Forestière Française, 1961(8/9) : 578-579 (avec R. Schaeffer).
- *Les variations de couleur des fleurs. I. Idées sur le déterminisme de la pigmentation chez les végétaux supérieurs. II. Variations de la couleur des fleurs dans le Jura et certaines régions limitrophes.* Ann. Sci. Univ. Besançon, 2e S., fasc. 4, 85-93 et 95-116, 1960 (avec L. Baillaud et R. Schaeffer).
- *Note préliminaire sur la microflore de quelques sols alpins.* C. R. Acad. Sci. Paris, 251, pp. 1560-1562, 1960 (avec W. Gams).
- *A propos des substances de croissance.* Bull. Trim. Soc. For. Franche-Comté et Prov. de l'Est., 8 p., 1960 (avec R. Schaeffer).
- *Sur la recherche des colorants dans les produits alimentaires et pharmaceutiques.* Ann. Scient. Univ. Besançon, 2e S., 4, 77-84, 1960 (avec P. Duron).
- *Sur le métabolisme du phénol dans les sols.* C. R. Acad. Sci. Paris, 251, pp. 1179-1181, 1960 (avec J. Augier et M. Jacob).
- *Défense et illustration... de la Microbiologie forestière.* Rev. For. Franç., n° 3, pp. 177-180, 1960 (avec R. Schaeffer).
- *A study of the fungal microflora in the rhizosphere of fir (Abies alba Mill.). The Ecology of Soil fungi.* Liverpool University Press, 1960, pp. 209-218 (avec Wanda Maliszewska).
- *L'activité amylolytique des sols. Méthodes d'étude et interprétation.* Ann. Inst. Pasteur Paris, 99, pp. 131-141, 1960 (avec Jacques Augier).
- *Méthode générale d'étude de l'action de la microflore des sols sur différents substrats. I- Principes et*

description des techniques. Ann. Inst. Pasteur Paris, 99, pp. 799-811, 1960 (avec J. Augier et M. Jacob).

- *Etude de l'action de la microflore des sols sur un substrat donné : principes et appareillage*. C. R. Acad. Sci. Paris, 249, pp. 1157-1159, 1960 (avec J. Augier et M. Jacob).
- *Gentiana bavarica var. nov. toepfferi Leiris & Moreau, nouvelle variété violette de Gentiana bavarica L.* Candollea, 17, 97-98, 1959.
- *Sur la microflore de quelques terres de sapinières*. C. R. Acad. Sci. Paris, 249, pp. 1053-1055, 1959.
- *Sur la libération biologique dans le sol de phosphates solubles à partir de composés phosphorés insolubles*. C. R. Acad. Sci. Paris, 249, pp. 1804-1806, 1959.
- *A propos de l'échantillonnage des terres*. Ann. Sci. Univ. Besançon, 2e S., 3, 69-78, 1959.
- *Sur la rhizosphère du Sapin blanc (Abies alba Mill.)*. C. R. Acad. Sci. Paris, 249, pp. 303-305, 1959 (avec Wanda Maliszewska).
- *Les méthodes d'étude des Champignons dans la rhizosphère*. Ann. Scient. Univ. Besançon, 2e série, 3, 85-92, 1959 (avec D. Parkinson).
- *Sur l'action antiphytotique et antibactérienne de l'humus de Sapinière*. Ann. Sci. Univ. Besançon, 2e S., 3, 69-78, 1959.
- *Le genre Mortierella Coemans*. Ann. Sci. Univ. Besançon, 2e S., 3, 95-105, 1959 (avec W. Gams).
- *Sur la maladie du Rond dans les pessières jurassiennes*. Ann. Sci. Univ. Besançon, 2e S., 3, 112-120, 1959 (avec A. Schaeffer).
- *Etude forestière, pédologique et microbiologique d'un bois très dégradé de la Haute-Saône*. Rev. For. Franç., n° 6, pp. 417-433, 1959 (avec R. Schaeffer).
- *De la maladie du Rond et des moyens de lutter contre elle*. Bull. Trim. Soc. For. Franche-Comté et Prov. de l'Est, 1959 (avec A. Schaeffer).
- *Sur la protection des tourbières du Jura*. Ann. Sci. Univ. Besançon, 2e S., 3, 107-111, 1959 (avec Ph. Guinier).

- *L'alternance des essences*. I. Bull. Trim. Soc. Franche-Comté et Prov. de l'Est, 29 – n°1, 3-12 ; Id, II, Ibid 29, n° 2, 76-84 ; Id, III. Ibid. 29 n° 5, 277-288 ; Id, Post scriptum. Ibid, 1958-1959 (avec R. Schaeffer).
- *De la présence du Trichoderma viride dans la rhizosphère de l'Epicéa (Picea excelsa Lamk)*. 84e Congrès Soc. Sav. Dijon, p. 451-453, 1958 (avec R. Schaeffer).
- *La descente du sapin dans le département du Doubs : phénomène naturel ou provoqué par l'homme ?* (avec R. Schaeffer). Annales scientifiques de l'université de Besançon, 2e série, Botanique, fasc. 9, [1957], pp. 149-169.
- *La couleuvre d'Esculape en Franche-Comté. La Terre et la Víe*, n° l, 1957, (avec L. Acolat).
- *Relations entre les plantes supérieures et l'équilibre microbien dans les sols*. Bull. Assoc. Dipl. Microbiol. Fac. Pharmacie Nancy, n° 67, 3-14, 1957.
- *Contribution à l'étude des tourbières et hauts marais jurassiens. I- Sur quelques plantes rares ou critiques*. Bull. Soc. Bot. France, 104, pp. 530-533, 1957 (avec Yvette Courtot).
- *Clé pour la détermination des arbres et arbustes en hiver*. Bulletin de la Société d'histoire naturelle du Doubs, Bull. Trim., n° 8, 57-84, 6 pl., 1956 (avec R. Schaeffer).
- *Sur un exemplaire de chat sauvage Felis silvestris Brisson capturé dans le département du Doubs* (avec A. Jullien et J. Ripplinger). Extr. de *La terre et la vie*, n° 1, 1956, pp. 17-21.
- *Sur quelques stations du Centaurium pulchellum (Schwartz) Druce* (avec Yvette Courtot et Lucien Baillaud). Annales scientifiques de l'Université de Besançon, 1956, 2e série. Botanique, Fasc. 7, p. 153.
- *Les noms populaires des plantes en Franche-Comté* (avec Lucien Baillaud). Annales scientifiques de l'Univers. de Besançon, 2e série, Botanique, fasc. 7 [1956], pp. 161-168.

- *Un champignon intéressant pour notre région : le Plectania (Sarcoscypha) coccinea, var. jurana.* Bulletin de la Société d'histoire naturelle du Doubs, Bull. Trim., 136, 1956.
- *La descente du sapin dans le département du Doubs : phénomène naturel ou provoqué par l'homme* (avec R. Schaeffer). Bulletin de la Société d'histoire naturelle du Doubs. N° 59. Année 1955. pp. 149-166.
- *Sur deux chênes américains du Bois du Baron* (avec Lucien Baillaud). Annales scientif. de l'Univers. de Besançon, 2e série, Botanique, fasc. 6 [1955], pp. 111-116
- *La Couleuvre d'Esculape (Coluber Aesculapii Gesn. = Elaphe longissima Laurenti) en Franche-Comté* (avec L. Acolat). Bulletin de la Société d'histoire naturelle du Doubs, n° 59, année 1955, pp. 99-101.
- *Un mammifère franc-comtois oublié : Le loup, étude de faunistique* (avec A. Jullien). Annales scientifiques de l'Université de Besançon. 2e série, Zoologie et physiologie fasc. 3, 1955, pp. 41-51.
- *Sur quelques zoocécidies du Jura* (avec Lucien Baillaud). Annales scientif. de l'Univers. de Besançon, 2e série, Botanique, fasc. 6 [1955], pp. 117-135.
- *Remarques sur le comportement des plantules de Pinus silvestris L. soumises à des éclairements différents.* Annales scientifiques de l'Université de Besançon, 2e série, Bot., 6, 101-109, 1955 (avec A. Grandgirard).
- *Sur quelques stations du Centaurium pulchellum (Schartz) Druce* (avec Yvette Courtot et Lucien Baillaud). Bulletin de la Société d'histoire naturelle du Doubs, n° 58, 1954, pp. 153-154.
- *Les noms populaires des plantes en Franche-Comté* (avec Lucien Baillaud). Bull. Soc. Hist. Nat. Doubs, n° 58, 1954, pp. 161-168.
- *Présence du Galinsoga aristulata dans la cour de l'Ecole de Pharmacie de Besançon* (avec L. Acolat). Annales scientifiques de l'Univers. de Besançon, 2e série, Botanique, fasc. 2 [1954], pp. 72-73.

- *Le Galinsoga aristulata dans la cour de l'Ecole de Pharmacie de Besançon.* Bull. Soc. Hist. Nat. Doubs, 56, 72-73, 1954 (avec L. Acolat).
- *Un mammifère franc-comtois oublié : le loup, étude de faunistique* (avec A. Jullien). Bulletin de la Société d'histoire naturelle du Doubs, n° 57, année 1953.
- *Le loup en Franche-Comté. Barbizier*, 1953, pp. 139-144.

Publications non datées (sans doute publiées dans les Annales scientifiques de l'Université de Besançon) :

- Présentation d'animaux au cours des séances de la société d'histoire naturelle du Doubs : couleuvre d'Esculape, aigle criard, martre (avec J. Ledoux), pp. 45-46.
- *Effets de l'Histamine et des Antihistaminiques de synthèse sur le comportement des Céphalopodes et de quelques poissons marins* (avec A. Jullien et J. Ripplinger, pp. 185-193.
- Recension de l'ouvrage *Je connais tous les oiseaux de France*, de M. J. Revilliard. pp. 47-48.

Directeur de publication :

- *Spectacles de la Terre.* Sélection du Reader's digest, Paris, 1991 (avec Marie-Thérèse Ménager).

Participation :

- Clarke (Robert, dir.) : *La fabuleuse aventure de la vie.* Sélection du Reader's digest, Paris, 1987.

Préfaces :

- Marcel Bouché : *Pour un renouveau dans l'environnement. De l'antiscience à l'Intelligence Artificielle des systèmes complexes.* L'Harmattan, Paris, 2012.
- David Hanni : *Rencontres avec des guérisseurs : magnétiseurs, radiesthésistes et rebouteux en Champagne-Ardenne.* L'Harmattan, Paris, 2010.

* Yves Delange : *Plaidoyer pour les sciences naturelles.* L'Harmattan, Paris, 2009.
* Lucien Daly : *Découvrir Dieu grâce à la Science.* L'Harmattan, Paris, 2006.
* Jean Toth : *Le cèdre de France. Etude approfondie de l'espèce.* L'Harmattan, Paris, 2005.

Textes scientifiques non publiés :

* *Louis Pasteur, un gosse ébloui.*
* *Les microbes et moi, ou vingt-cinq années de recherches en écologie microbienne.*
* Conférences au Rotary de Dole (mars 1991, 31 janvier 1992).

Rapports scientifiques

Rapports scientifiques et techniques rédigés dans le cadre d'une mission au Conseil National pour la Protection de la Nature (de "a" à "e") (étude cadastrale ou scientifique, selon le cas, des terrains à protéger), à la demande de la DATAR ("f") et enfin de la Mairie de Chamonix ("g") :

a) Protection des Tourbières du Jura (1961-1964).

b) Protection de la Tourbière de Sommant (Mieussy) en Haute-Savoie (1961-1964).

c) Protection des Alpes calcaires du Faucigny (avec H. Humbert) 1964.

d) Protection des Hautes-Chaînes du Jura méridional (1964).

e) Dossier d'étude d'un Parc Régional dans la région de Samoëns-Sixt (avec H. de Leiris) 1965-1966.

f) Rapport en vue de la création d'un Parc Régional dans le Haut-Doubs (1966-1967).

g) Observations sur le Marais des Praz de Chamonix – Mont-Blanc : à propos d'un projet d'extension du Golf de Chamonix (1976).

Conférences sur invitation

a) Tourbières des Alpes et du Jura - Société Botanique de France (1958).

b) La microbiologie du sol - Université de Neuchâtel (invitation du Prof. C. Favarger) 1964.

c) L'arme chimique et bactériologique. Conférences faites à Nice, Toulon, Marseille, Lyon et Grenoble (déc. 1969), Le Havre (mars 1970), Bordeaux et Biarritz (octobre 1970), Caen et Cherbourg (novembre 1970), à la demande de la Marine Nationale.

d) Colloque sur l'implantation d'usines en milieu urbain. Essai de synthèse. 4 p. + 10 p. Saint-Etienne, 1972 (avec J. Bethemont).

e) Tourbières jurassiennes et alpines. Une Tourbière en perdition : la Tourbière de Sommant (Haute-Savoie). Société Linnéenne de Lyon, 1974 (avec P. Berthet).

f) Les espaces verts dans les villes - Exposé in : La Nature dans la ville - Protection et reconquête. Table ronde, Nouvelle Bibliothèque Municipale de Lyon, dans le cadre des journées : La Ruhr - Le futur a déjà commencé. 1973.

g) La microbiologie et l'homme : réflexions sur l'utilisation criminelle des micro-organismes. Conférences du C.I.R.A.M. Cercle des Armées - Paris, 1980.

h) La dynamique des populations microbiennes dans le milieu naturel. Institut Polytechnique Fédéral - Lausanne 1980.

i) De la station d'épuration aux résurgences : l'évolution des populations microbiennes dans les nappes et dans les eaux souterraines karstiques. Journée de protection des Eaux Karstiques, Bruxelles 1982.

En 1973, maître de conférences de biogéographie et écologie à l'université de Saint-Etienne, il organise un colloque sur la biogéographie du Massif central (98e congrès national des sociétés savantes, Saint-Étienne, 14 avril 1973) ; et un séminaire sur la pollution des eaux (Saint-Étienne et Lyon, 22-23 mars 1973).

Emissions de radio (France Culture)

- *Pasteur : l'homme, le savant, la mémoire*, par Michèle Chouchan (avec Christiane Demeulenaere, textes lus par Claude Piéplu, 1995).
- Série d'émissions : *Pasteur : la légende du siècle*, 14 novembre 1987. Emission débat *De l'art d'être Pasteur*.
- Série d'émissions de Marcel Locquin sur le thème *Odeurs et communication* (juillet 19.. ?). *Champignons et bactéries, champignons et plantes, champignons et nématodes*.

Publications de Richard Moreau en histoire religieuse

Ouvrage :

- *D'Einsiedeln à la Salette au fil des siècles : avec les pèlerins comtois sur les pas de la Vierge Marie* (avec Odile Moreau). L'Harmattan, Paris, 2012.

Articles :

- *La résurrection cistercienne en Franche-Comté au XIXe siècle : le prieuré de Bellevaux*. Dans *Mélanges cisterciens 2012, offerts par l'Arccis au Père Placide Vernet, moine de Cîteaux, pour son 90e anniversaire* (coll. *Cahiers cisterciens*, série *Des lieux et des temps*, 14), abbaye de Bellefontaine, 2012.
- *Les pèlerinages comtois à Einsiedeln* (avec le chanoine Joseph Lemaire). Procès-verbaux et Mémoires de l'Académie des sciences, belles-lettres et arts de Besançon et de Franche-Comté 2005-2006, vol 198 (2007), pp. 83-96.
- Présentation de deux conférences posthumes de M. le chanoine Jean Thiébaud (avec le chanoine Joseph

Lemaire). Acad. Sci. Belles-Lettres et Arts de Besançon et de Franche-Comté, séance du 10 février 2003.

- Présentation de la conférence du chanoine Thiébaud sur « Les rétractants de 1795 en Franche-Comté ». Acad. Sci. Belles-Lettres et Arts de Besançon et de Franche-Comté, séance du 10 février 2003.
- *Le chanoine Pierre-Joseph Rousselot (1785-1865) : de la Franche-Comté à la Salette*. Mémoires de la Société d'Emulation du Doubs, 2002, pp. 139-163.
- *Le prieuré cistercien du Val-Sainte-Marie et l'évolution de l'ordre au dix-neuvième siècle* (avec l'abbé Joseph Lemaire). Mémoires de la Société d'Emulation du Doubs, 1998, pp. 89-139.
- *Les Prix de vertu de l'Académie française et leurs lauréats comtois au XIXe siècle*. Mémoires de la Société d'Emulation du Doubs, 1991, pp. 97-141.
- *L'abbé Simon, curé de Saône*. Barbizier, 1954, pp. 254-257.

Collaboration :

- Ducerf (Laurent), Petit (Vincent), Tramaux (Manuel) : *Dictionnaire du monde religieux dans la France contemporaine : tome 12, Franche-Comté*. Beauchesne, Paris, 2016.
- Frère Benoît (moine de Notre-Dame d'Acey) : *Un moine comtois à pied vers Notre-Dame des Ermites (Einsiedeln, Suisse)*. Avec la collaboration d'Odile et Richard Moreau. L'Harmattan, Paris, 2013.

Préfaces :

- Jean-Marie Robbe : *La pépinière. Témoignage d'un petit séminariste des années 1957-1963*. Préface d'Odile et Richard Moreau. L'Harmattan, Paris, 2008.
- Dom Bernard Christol : *Contes et nouvelles des Dombes sous le soleil de Dieu*. L'Harmattan, Paris, 2006.

Divers (régionalisme...)

Ouvrage :

- *Les racontottes des marmottes bleues* (avec Odile Moreau). L'Harmattan, Paris, 2020 (à paraître).

Articles :

- *Un peintre de la Marine : Henri Gervèse (1880-1879), marin de la Troisième République. Neptunia, revue des Amis du Musée de la Marine*, 2001, n° 222, pp. 55-61.
- *Henri Gervèse, marin de la Troisième République.* Acad. Sci. Belles-Lettres et Arts de Besançon et de Franche-Comté, PV et Mém., 1998-1999, pp. 301-314.
- *Dégustation champêtre, ou la culture aux champs.* Revue *Regards sur le Haut-Doubs*, 3ème trimestre 1996, pp. 12-15.
- *Richard Vuillecard, récit de ma vie (1831-1908). Barbizier* n. 11, déc. 1983, pp. 63-116. Publication de documents familiaux conservés aux Archives départementales du Doubs (cote 1 J 782).

Table des matières

Introduction 11

Tombeau de Pasteur 21

La liberté du savant 83

Révolution scientifique 89

Discours sur Pasteur 105

Apprendre Pasteur ? 191

Le lion de chez nous 197

Envoi 219

Annexe 1 : éléments biographiques
sur Richard Moreau 221

Annexe 2 : titres et travaux scientifiques
de Richard Moreau (aperçu général, 1983) 223

Annexe 3 : publications de Richard Moreau 243

Structures éditoriales du groupe L'Harmattan

L'Harmattan Italie
Via degli Artisti, 15
10124 Torino
harmattan.italia@gmail.com

L'Harmattan Hongrie
Kossuth l. u. 14-16.
1053 Budapest
harmattan@harmattan.hu

L'Harmattan Sénégal
10 VDN en face Mermoz
BP 45034 Dakar-Fann
senharmattan@gmail.com

L'Harmattan Cameroun
TSINGA/FECAFOOT
BP 11486 Yaoundé
inkoukam@gmail.com

L'Harmattan Burkina Faso
Achille Somé – tengnule@hotmail.fr

L'Harmattan Guinée
Almamya, rue KA 028 OKB Agency
BP 3470 Conakry
harmattanguinee@yahoo.fr

L'Harmattan RDC
185, avenue Nyangwe
Commune de Lingwala – Kinshasa
matangilamusadila@yahoo.fr

L'Harmattan Congo
67, boulevard Denis-Sassou-N'Guesso
BP 2874 Brazzaville
harmattan.congo@yahoo.fr

L'Harmattan Mali
Sirakoro-Meguetana V31
Bamako
syllaka@yahoo.fr

L'Harmattan Togo
Djidjole – Lomé
Maison Amela
face EPP BATOME
ddamela@aol.com

L'Harmattan Côte d'Ivoire
Résidence Karl – Cité des Arts
Abidjan-Cocody
03 BP 1588 Abidjan
espace_harmattan.ci@hotmail.fr

L'Harmattan Algérie
22, rue Moulay-Mohamed
31000 Oran
info2@harmattan-algerie.com

L'Harmattan Maroc
5, rue Ferrane-Kouicha, Talaâ-Elkbira
Chrableyine, Fès-Médine
30000 Fès
harmattan.maroc@gmail.com

Nos librairies en France

Librairie internationale
16, rue des Écoles – 75005 Paris
librairie.internationale@harmattan.fr
01 40 46 79 11
www.librairieharmattan.com

Librairie l'Espace Harmattan
21 bis, rue des Écoles – 75005 Paris
librairie.espace@harmattan.fr
01 43 29 49 42

Lib. sciences humaines & histoire
21, rue des Écoles – 75005 Paris
librairie.sh@harmattan.fr
01 46 34 13 71
www.librairieharmattansh.com

Lib. Méditerranée & Moyen-Orient
7, rue des Carmes – 75005 Paris
librairie.mediterranee@harmattan.fr
01 43 29 71 15

Librairie Le Lucernaire
53, rue Notre-Dame-des-Champs – 75006 Paris
librairie@lucernaire.fr
01 42 22 67 13

www.ingramcontent.com/pod-product-compliance
Lightning Source LLC
LaVergne TN
LVHW011310061026
849535LV00005B/1489
* 9 7 8 2 3 4 3 2 1 3 0 4 0 *